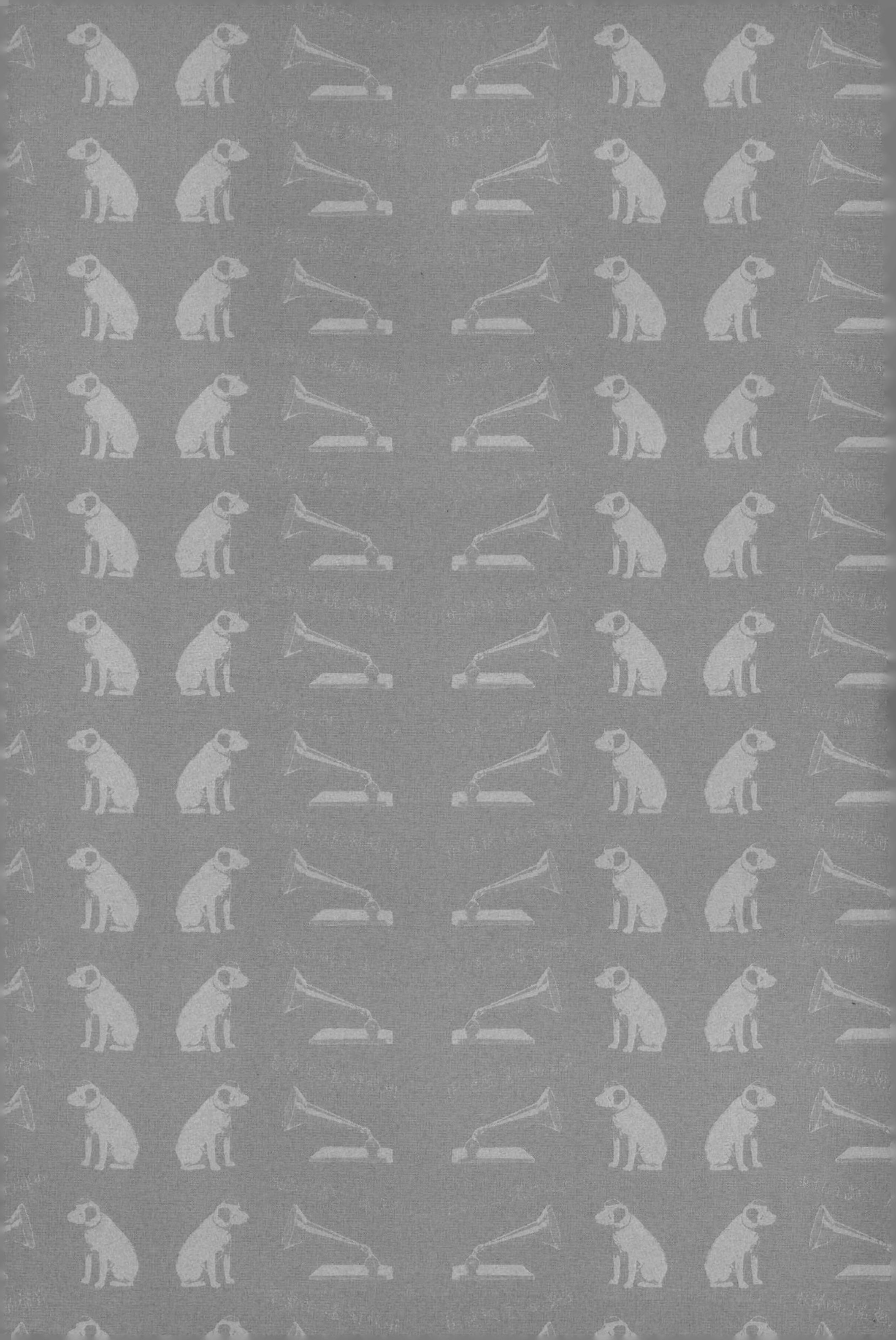

拒絕被遺忘的聲音

RCA工殤口述史

RCA

RCA 工廠大門。當時的員工焉能想到，

曾經在門內的青春付出，卻換來門外病痛糾纏的生活。

關於RCA事件

RCA事件是台灣早期的重大土地污染案，六〇年代美國無線電公司（RCA）來台設廠生產外銷全球的電視機，跨國大企業的大量職缺與良好福利吸引了很多當時的年輕人，全職或者半工半讀於RCA工作了好多年。然而數年後，這些員工發現自己存在著不明病痛、甚至是罹癌。起初他們不以為意，後來卻越想越不對，為什麼彼此間的生病機率那麼高呢？直到一九九四年爆發了RCA長期挖井傾倒有機溶劑等有毒廢料，導致地下水受污染，工廠也用封閉式空調，讓毒氣一直留在廠內，員工們才逐漸知道自己長期病痛的主因是喝了有毒的地下水與吸入廢氣，而這些都是公司的惡意行為。然而，身為全球大企業的RCA，早已從台灣關廠，將廠區賣給美國奇異公司，奇異又將廠區賣給法國湯姆笙公司，導致RCA全數的員工求償無門，至今還在訴訟之中。

尚未拆除的 RCA 廠房。（2001 年攝）

（約 2008 年攝）

RCA 現址為一片廢墟。（2011 年攝）

（約 2011 年攝）

RCA 女工在桃園廠區內合影。（關懷協會提供）

RCA 女生宿舍外。（關懷協會提供）

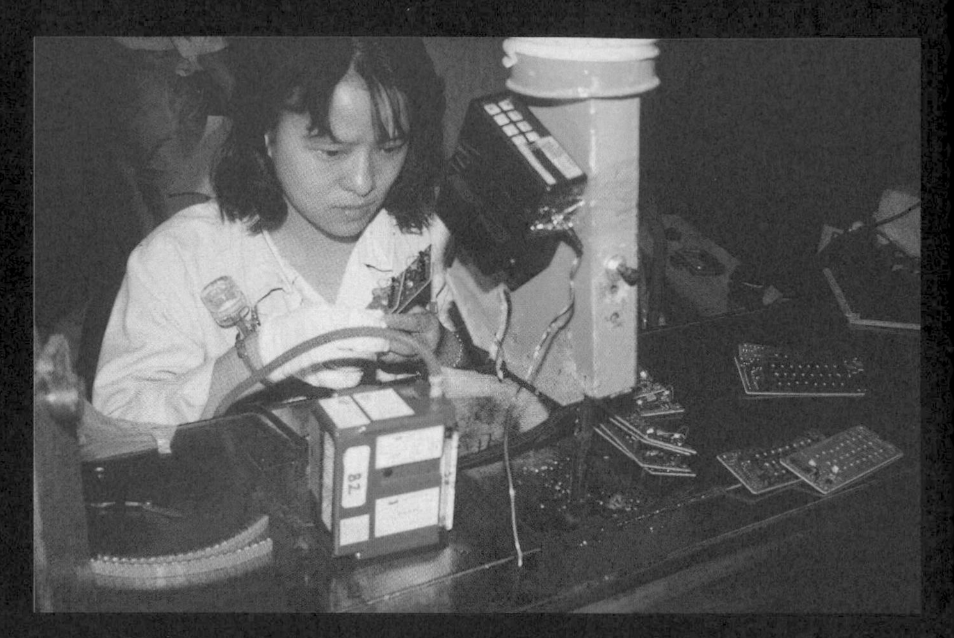

女工工作情形。（張艮輝提供）

1985 年 RCA 公司的登山社，在登頂後的合照。（黃春窕提供）

1990 年公司舉辦烤肉會，員工抽到 RCA 出品的彩色電視。（黃春窕提供）

1991 年，當時各單位模範勞工於「透過品質、建立信心」牆面前合影。（黃春窕提供）

810

RCA 關廠後的荒廢廠址。（唐澄暐攝）

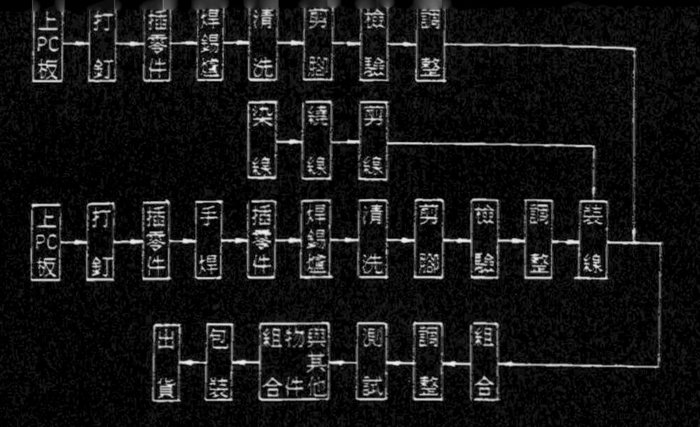

RCA 生產線工作流程（張艮輝提供）

（工傷協會提供）

（工傷協會提供）

1999 年 RCA 員工關懷協會正式成立，同年底參與秋鬥遊行，與塵肺症老礦工、台北捷運潛水夫症工人共同演出行動劇。台灣三大職業病團體聯手爭取到勞委會放寬職災給付的認定年限。（工傷協會提供）

2001 年 3 月 23 日，RCA 員工關懷協會手捧罹癌亡者的遺照，前往美國在台協會抗議美商殺人，控訴「跨國財團，賺飽就跑」，隨後至外交部陳情，希望尋求對美國交涉之援助。（工傷協會提供）

2001 年 4 月 29 日，RCA 員工關懷協會召開會員大會議決展開系列抗爭行動及求償訴訟，會後 400 多名會員齊至 RCA 桃園廠址，人手一支白玫瑰向已罹癌過世的同事致意。地上的石堆，是整治土壤污染時在廠區全面下挖的石塊與泥土，堆放在廠房前的空地上，經年曝曬。（工傷協會提供）

2001 年春天，行政院長張俊雄無故撤消跨部會的 RCA 專案小組，3 月 23 日，關懷協會、工傷協會、工委會至行政院抗議，要求恢復 RCA 專案小組，給予受害人醫療及訴訟補助，並建立準職業病通報及鑑定、補償體系（上圖）。6 月 13 日，工人至監察院要求彈劾張俊雄，並比照專案小組對土地整治的決議，由政府協助工人向跨國企業代位求償（下圖）。（工傷協會提供）

2001 年至 2003 年間，RCA 員工關懷協會向總統府、行政院、立法院、監察院、外交部、經濟部等展開系列抗爭，終於爭取到勞委會於 2001 年 11 月公告將乳房切除納入勞保殘廢給付，並於 2002 年 2 月出具免假扣押費的擔保書，以利工人扣押 RCA 在台資產，從而確認 RCA 早已將登記在投審會帳面上的 24 億資產匯出海外，形同脫產。（工傷協會提供）

2002 年 5 月，關懷協會與工傷協會至美國拜會官方、民間團體，獲得 GE 工會公開聲援台灣工人的求償行動，引發媒體注目。GE 公司則接受媒體採訪，引用台灣勞委會的研究報告，表示工人罹癌與工作無關，GE 毋須賠償。（工傷協會提供）

2004 年 4 月 22 日，RCA 關懷協會跨海打官司未果，與工傷協會、工委會、張靜怡律師共同至台北地方法院召開記者會，宣示繼續追究資方與國家責任。（工傷協會提供）

關懷協會向 RCA 提告後，接連因程序問題敗訴，一度沉寂。2006 年起，工傷協會協助組織重整，於 2007 年 12 月 29 日召開幹部培訓營（上圖）、定期召開理監事會議、並積極聯繫會員召開大會。下圖為 2009 年 7 月 26 日於桃園縣議會召開大會，經過三年整頓，出席會員人數一年比一年多。（工傷協會提供）

2006 年起至今，定期於台北法律扶助基金會召開顧問團會議，針對司法與社會倡議提出討論與行動，成員有社會學者、法律學者、公衛學者、社會運動者、律師、RCA 受害者等所組成。（工傷協會提供）

與訴訟程序問題纏鬥五年後，台北地方法院於 2009 年 11 月 11 日起，接連傳喚受害員工黃春窕（罹患鼻咽癌）、秦祖慧（乳癌、紅斑性狼瘡等）作證。此時，兩位證人病情均已加重。（工傷協會提供）

2011 年 4 月 23 日，為讓社會與法院更為了解受害工人狀況與事實經過，工傷協會、台北法扶基金會、關懷協會舉辦 RCA 問卷及口述歷史志工培訓營，並由陽明大學社科所教授林宜平、世新大學社發教授黃德北、台大職衛所教授詹長權等協同辦理，號召學生與社會人士參加培訓。（工傷協會提供）

2011 年 7 月至 10 月間，為了協助關懷協會受害員工完成長達 30 頁的問卷，動員近 200 名志工、80 多位義務律師輪番上場。受害員工組織歷經十多年至今，仍有 300 多位關懷協會會員自各地前來，占會員人數三分之二。圖為立法院群賢樓問卷訪談現場。（工傷協會提供）

2012 年 3 月 8 日，關懷協會、工傷協會聯合各社運團體至行政院抗議，要求將勞工安全衛生法排入優先法案審理，希望以 RCA 案為鑑，修法保障廠內工作安全與廠外居民健康。（工傷協會提供）

2012 年 12 月，關懷協會得知桃園廠址內污染已隨地下水蔓延廠外，至環保署抗議並要求環保署針對整治計畫嚴格把關，廠內廠外一併整治，不得放水。並訴求整治完成後，原地興建「RCA 工殤紀念館」。（工傷協會提供）

拒絕被遺忘的聲音

RCA工殤口述史

目錄

序1

為進行中的運動留下紀錄

口述／吳志剛（桃園縣原台灣美國無線公司〔RCA〕員工關懷協會理事長）
整理／林岳德

人的生命故事很短，如果不記錄下來，會有許多遺憾的事，口述歷史就是一種重要的記錄方式。我以前曾經鼓勵過幹部、會員們，邀大家一起來寫歷史，但這個想法一直沒有辦法付諸實現，這次在許多人的幫忙下，終於能夠留下歷史，這在整個RCA[1]運動是非常重要的一件事。事實上，這本口述史不是一個人在寫，而是捲動好多人共同完成的，雖然文體跟結構可能不統一，但大家花這麼長的時間共同完成一本書，也應該算是一種社會運動了。

我對口述史的認知是所有的事情都要真實的，沒有隱瞞的全部記錄，可是RCA事件還沒結束，官司也還在進行，所以可能影響會員關係或可能影響官司進行的部分都必須小心處理，但我們還是盡力保持了每個人真實的樣子。

其實任何社會運動剛開始時大家都會持一種觀望的態度和遲疑的眼光，像現在沸沸揚揚的核四議題、都更議題，如果沒有真的深入瞭解，只在電視上看，也會覺得是一群無聊分子在製造事端，當初我在電視上看到RCA的事情，看到其他員工出來抗爭，我也認為他們在胡鬧，因為RCA當時在我心目中，印象非常好。我十九歲就進RCA，在裡面半工半讀、升遷、結婚、生子、在附近買房子、定居，所有最精華的日子都在RCA渡過，所有關於人生的規畫，也都在RCA工作時逐一實現。志工訪問時，還會困惑，為什麼我說到在RCA的日子，都是快樂的一面？但事實確實如此，只是沒有想到這背後犧牲了這麼多條生命。

一九九九年關懷協會在省立桃園醫院開會員大會[2]，我才第一次接觸到關懷協會，那時不過只是陪太太過去瞭解看看，後來發現百分之八十是公司見過的熟面孔，而其中很多人得了重病，看到這個場面真的十分感慨，於是從那時候我就開始在關懷協會當志工，幫忙跑跑腿，慢慢發現大家真的是為了一個正義的理念，無私地在奉獻與奮鬥，更有許多外圍團體，工運團體，學生團體在幫忙、聲援，讓協會能夠走得更長更久。其實現在訪問一些老員工，他們還是對RCA運動嗤之以鼻，覺得我們在胡鬧，但我真的在裡面感受到會員的真誠、認真和他們受到的委屈，以及別人無私的奉獻。RCA的員工到現在幾乎都是六十多歲的人了，加上疾病，有力氣的人真的不多，但我們還是慢慢地在走。

我覺得買這本書，讀這本書就是對RCA運動的支持，這本書熱鬧的地方很多，你可以看到七〇年代當時勞工的故事，看看我們以前如何成長，感受一下當年的勞工如何逆來順受，但如果要更進入，也希望大家可以在閱讀之前或讀完之後再找些資料，了解更多的背景，可能更能勾勒出整個台灣經濟發展下的故事。

如果你是會員，你的故事可能不在裡面，但是在同樣的故事和環境中成長的你，看完書之後，也許會得到一些安慰吧！因為你會回想起我們從年輕到現在的軌跡，也會看見還有一群人在為了正義而努力。

RCA這一路走來真的感謝許多人的幫忙，我出社會後，除了不守交通規則被開過幾張罰單外，幾乎和法律沾不上邊，沒想到四十五歲之後，會有機會和這麼多律師一起開會，這些律師完全是用自己下班後的時間來幫忙，他們真的是為了社會和正義。

謝謝林永頌律師率領的律師團、謝謝許許多多盡心盡力的教授、學者，謝謝一路幫忙的團體，謝謝志工、同學，特別謝謝井老師和他的學生孟芬，沒有你們，我們可能走不下去，謝謝曾經來幫忙的大家，謝謝曾經參與支持RCA運動的朋友。

特別感謝工傷協會一路相挺與協助，讓我們開始有了勞工的階級意識和開始重視工業環境污染問題，除了爭取自己權利之外，還認清要與其他社會弱勢相挺與團結，才可能有公平正義的一天的到來，也因為有了組織，我們才有可能走到現在，謝謝！

最後，我想對RCA說，同樣在七〇年代，有另一家美商Mattel（美寧公司）在新北市泰山鄉設廠，美寧是專門做芭比娃娃的玩具工廠，也曾有過一些勞資糾紛，但台灣人真的很善良，都願意和平地和美寧好好解決，一九八七年美寧離開台灣，但泰山今天還有以Mattel命名的「美寧街」紀念美寧公司，更蓋了一家芭比博物館，美寧公司到現在一直被當地人懷念著。RCA要想想，一家公司真的可以用心經營，同一個時期在台灣，也同樣是美商，美寧留下一個芭比的故鄉在泰山，而RCA留下了一個巨大的墳場在桃園，RCA應該深切檢討，對這件事情負責，你們真的做錯了！

這本書醞釀了好多年，動用了好多資源才完成，希望能為還在進行的RCA運動留下重要的紀錄，也希望你能在裡面看見台灣以前的樣貌。

註1——編註：RCA為美國無線電公司的簡稱，全名為Radio Corporation of America。

註2——受害員工於一九九八年七月宣佈籌組「RCA環境污染受害者自救會」並打算對RCA公司提告求償。自救會籌備完成後，一九九九年正式登記為「桃園縣原台灣美國無線公司員工關懷協會」，但對外行動仍簡稱「RCA員工自救會」。

序2

經濟奇蹟背後，永不妥協的RCA工人

文／黃小陵（工作傷害受害人協會秘書長）

工傷協會與RCA受害員工協同作戰，到現在，足足十五年了。這場小蝦米對抗大鯨魚的戰爭，是一場死傷慘烈的階級運動。

在台灣的經濟發展史中，RCA工人體內承載的工業污染之毒，是創造經濟奇蹟留下的印記，我們該為她／他們立碑、立傳！

一部經濟內戰史

這本口述歷史，不僅僅是勞動口述史，更是一部台灣經濟內戰史。

在台灣，每一個工作天就有五名勞工因職業災害或職業病死亡，近二十名終身殘廢。台灣的經濟奇蹟是在勞動階級的死傷慘重下創造出來的，而RCA工人，就是在七〇年代投入的工業生產大隊，他們生產過程中喝的水、接觸的清潔劑、吸入的空氣，因含有大量的有機溶劑，離職後爆發千人罹癌、數百人死亡，他們絕對是台灣經濟內戰中的英雄，他們的死是「國之殤」！

「先用麻藥麻了再吞水」，黃春窕因鼻咽癌歷經放療、化療後，導致口腔潰爛，喝水如刀割，喝水時要先用麻藥麻痺口腔。秦祖慧常感嘆：「紅斑性狼瘡、乳癌、腎積水……十年的RCA工作換來四張重大傷病卡」。「癌症治療後，身體每況愈下，常常頭痛欲裂、嚴重失眠，長期依靠止痛藥及安眠藥過活。」羅雅瑩有幾次因頭痛頭暈無法出席會議。「我常東摸西摸，深怕身體哪個地方長出硬塊，你們知道那種身心壓力有多大嗎？」我強烈感受到劉荷雲講這句話背後的恐慌。

六〇年代開始，台灣的經濟發展主要以加工出口為主，在這樣的發展政策下，國家投注了政策補貼與租稅優惠等龐大的資源引進跨國資本，RCA就是在這樣的發展脈絡下，於一九六九年來台設廠，一九九二年關廠。廉價的土地、廉價的人力、低管制的勞安，造就了台灣的經濟奇蹟，累積了RCA的資本，卻犧牲了年輕勞動者的生命與健康！

政府在哪裡？

「政府在哪裡？」這是RCA工人常憤怒控訴的一句話。RCA是在國民黨執政時為發展台灣半導體產業而投注龐大國家資源引進的，在台設廠期間，政府並未盡到監督工業污染及勞動安全之責，在污染爆發後，成立了「跨部會專案小組」，雖沒發揮太多實質的作用，起碼有一個獨立的窗口，RCA員工關懷協會可以要求政府提供相關資料及辦理健康檢查及追蹤。

民進黨上台後，竟解散專案小組，國家隨之卸責，連最基本的受害員工的健檢追蹤都需年年抗議才能要到。至於工人最關心的罹病與污染的因果關係，即使動用龐大的研究資源，都因證據闕如及研究方法的限制而無法做出對工人有利的結論。研究可以十年、二十年一直做下去，遭毒害的工人根本沒時間等！

從資本的引進，到工人的罹病。一路可以看到政治權力的作為與不作為。為了資本的累積，政府可以透過各種政策工具幫資本排除萬難，以求發展，但工人罹病，無論藍綠政權，都只任由工人自行舉證，單打獨鬥。

職業病工傷戰役

台灣集體職業病工傷運動，ＲＣＡ案並非唯一，但卻是抗爭持續最久、死傷最多、社會擴散性最大的一場戰役。

早在九〇年代初期，就有數百名礦工罹患塵肺症，經集體抗爭，於一九九八年促使勞保局修改勞保條例，讓罹病工人在退保後仍可請領殘廢給付。一九九六年，台北捷運新店線CH221標及板橋線CP262標，因先後使用壓氣工法，減壓不當造成坑道內工作的工人陸續爆發潛水夫症，工傷協會組織捷運工人進行抗爭四年，終於獲得補償。

隨後ＲＣＡ傳出集體罹癌，一九九九年受害工人正式成立組織，工傷協會及工人立法行動委員會（現轉型為人民火大行動聯盟）長期協同組織及抗爭行動。ＲＣＡ職業病案爆發前後，就有中國時報印刷廠五名工人因有機溶劑罹患鼻咽癌，工傷協會協同中時工會調查、抗爭，歷經六年研究才被認定與職業相關。二〇〇〇年開始，一個個因過勞而中風、心肌梗塞、死亡的案子一路蔓延至今，近年因職業壓力引起的憂鬱症、自殺等案件更是層出不窮，隨著資本主義的經濟發展模式，職業病對勞動階級的殘害，已從身體疾病擴及到身心壓力。

台灣的職業病是嚴重被官方低估的！職業病工傷運動最大的困難，在於疾病與職業之間的因果關係如何認定，簡言之，就是如何舉證的問題。目前認定制度上，舉證責任在勞工，而工作現場的第一手暴露資料都掌握在資方手裡，在勞資關係不對等的權力關係下，本就難以舉證，何況RCA早在一九九二年關廠，暴露資料多半銷毀殆盡，官方也沒盡責要求資方保留工作環境暴露及工人工作史等資料，後來官方或委外做出「無顯著相關」的流行病學研究，根本是在沒有完整的暴露史及工作史下做出的，那樣的研究顯然有極大的問題。

在如此艱難的現實下，工傷協會協同RCA員工關懷協會進行一場場抗爭及社會教育，這場集體運動戰役，有非常多社運團體、義務律師、各領域的專家學者及學生志工投入，目前仍與義務律師團及各領域專家學者組成顧問團，共同進行極為困難的集體訴訟戰役，這場長達十五年的RCA職業病戰役，對於工傷運動有幾個意義：第一，組織集體職業病勞工進行長期的抗爭及訴訟；第二，由勞工的勞動經驗出發，挑戰職業病因果關係的認定制度與突顯流行病學研究方法的局限；第三，突破集體訴訟的假扣押門檻，爭取到官方擔保書制度；第四，累積與跨國資本對抗的運動經驗；第五，促使官方修改勞安法，將勞工職場的暴露史、工作史做完整記錄；第六，要求官方制定職場化學物質全面通報制度，以達預防作用。

工業之毒，毒害全民

這場仗，我們還在戰鬥！不只跟RCA資方打，從七〇年代至今，四十年了，工業之毒，有增無減，至今政府仍無法掌握全台使用的高達六萬多種化學物質究竟對人體有何危害。RCA的工人當年是靠泡茶葉、咖啡掩蓋水中異味，我聽洋華、勝華等電子工廠的年輕女工說，她們工作時常在口罩上噴綠油精，因為不知名的有機溶劑實在太難聞。二〇一三年的台灣，毒害並未減少，污染也不止在廠內，工業廢氣及廢水正無聲地侵蝕著島內的每個人。衛生署每年公布國人十大死因，各種癌症名列前茅，我們認為，工業之毒，絕對是罪魁禍首！

這本口述史是重要的社會公共資糧，我們不是要述說悲慘，而是透過一個個付出沉重代價的生命故事，讓我們及下一代深刻地思考，我們到底要一種什麼樣的經濟發展？什麼樣的生存環境？

邀請你一起來讀跟你的生活環境及未來發展息息相關的活歷史，並邀請你跟我們一起，向奪取工人生命健康的資本家，以及與資本家共構的政治結構繼續奮戰。

本書從策畫到完成，長達二年多，非常感謝工傷協會顧問顧玉玲擔任主編，不僅扛起大方向之責、陪我們規畫志工培訓、並不時督促我們的工作進度與寫作內容。世新大學社會發展研究所黃德北老師及陳政亮老師從培訓志工到協同訪談的一路參與，輔大心理系夏林清老師是長期協同組織培訓工作的工傷協會顧問，林永頌律師則是全力投入RCA訴訟案，組織堅實律師及顧問團隊的義務律師。邀請四位專家為本書撥冗作序，在此一併致謝。更重要的是書中十二位口述歷史的主角，還有因此書的採訪、修改，投入許多時間的採訪者及書寫的志工們，及工傷協會的幹部張榮隆負責攝影工作，工傷協會工作者林岳德、楊國楨、利梅菊、賀光卍、劉念雲的協同採訪及編輯蔡雨辰的耐心協助，沒有大家合力工作，這本極具歷史及運動意義的口述史，無法順利完成。

序3

我曾有夢

文／林永頌（RCA員工關懷協會義務律師團召集人．法律扶助基金會台北分會前會長）

我並非環保律師，但與RCA案件有特別的緣分，二度擔任RCA勞工的律師團召集人。

雨果的《悲慘世界》在台灣上映，我與家人看了二次，最近前往法國旅遊途中又看了一次，每次看這電影，眼中總是含著眼淚，心裡為之悸動，尤其女主角的〈我曾有夢〉，唱出一般人民的夢想，普羅百姓的心聲，更是令人難以忘懷。

工傷協會寄來十二位RCA勞工的故事，我在高鐵及法國旅途中看了兩遍，這十二位RCA勞工有一半以上我見過，看了這些的生命故事，才真正認識他們。

他們因為家庭經濟的需要，來到當時模範的工廠、人人稱羨的美商RCA，半工半讀，日以繼夜的工作讀書，雖然辛苦，但是年輕的他們心中充滿期待與夢想，期待家庭經濟可以改善，夢想找到如意郎君，養育子女，擁有美滿家庭。因此忍耐工廠內朦朧髒污的空氣，以及刺鼻難聞味的飲水，並日漸習慣，對於工廠工作時大量使用有機溶劑，也不知其危險。

RCA公司使用二十多種有機溶劑，其中不少是致癌物質，RCA勞工工作時皮膚接觸有機溶劑，鼻子吸入沸發的有機溶劑氣體，甚至飲用含有濃度極高的有機溶劑地下水，這些RCA勞工陸續罹患各種癌症，各類疾病，有些女工也發生提早停經、早產、死胎等症狀，這些病痛與苦難，使他們失去健康，失去家人，生離死別，令他們震驚，失望，原來的期待落空，美好的夢想破碎。為什麼模範工廠，竟是殺人的工作場所？

美國RCA公司在六〇年代因為環保要求提高，工會力量強大，因而來台設廠。台灣RCA公司為了節省成本，沒有任何有機溶劑的回收機制，任憑無知的RCA勞工傾倒有機溶劑，為了節省工廠空調用電，使用封閉式空氣循環系統，導致工廠空氣越來越朦朧髒污。台灣RCA追求的利潤，真的比勞工的健康、甚至生命重要嗎？

台灣RCA於一九七〇年在桃園設廠，一九八九年起自行鑽井發現地下水嚴重污染，卻於一九九二年封鎖消息而關廠，而美國RCA又到環保標準較寬、勞動條件較低的中國設廠，繼續追求高利潤的目標，卻留下充滿污染受傷的大地及罹病暗自哭泣的勞工。RCA員工自救會於二〇〇四年對RCA公司提起損害賠償訴訟，歷經九年，現仍然於台北地院審理中。

我有一個夢想，不久的將來，RCA勞工可以獲得勝訴的判決，雖然勞工仍為各種疾病所苦，大地依然受傷，但至少爭取一絲的公平。

序4

RCA人體儲存槽

文／夏林清（輔仁大學心理系教授）

生孩子的分娩過程與勞動的英文是同一個字「labouring」。

RCA員工關懷協會的會員，經過調查，三百七十二位女性中，已知罹患乳癌者有四十位，是重大疾病中最高的。我翻看資料計算著，乳癌四十位、子宮頸癌二十位、卵巢癌八位、子宮內膜原位與骨盆腔癌兩位，這是一種怎樣的內傷景象啊！

軟著床，硬毒素

當女工們在RCA生產線上拼產能，資本家的財富日積月累的那些歲月裡，有機溶劑的毒粒子在工人喝水與呼吸之間，軟軟緩緩地，如著床般地儲存到了工人的體內，孕育生命的女性母體成了毒素的人體儲存槽。

一九九二年RCA關廠，一九九四年環保署才揭露RCA於台設廠期間挖井傾倒有毒廢料。這遲來的並非正義，倒像是輓鐘：「一九九七年前RCA員工陸續罹癌……到二〇〇一年，已知一千三百七十五人罹癌，其中兩百一十六人已因癌症死亡……」（詳見二〇〇一年工傷協會製作的〈RCA工人職業性癌症事件答客問〉）

其實，在一九九二年關廠的前六年，RCA已被美國奇異公司併購，資本可以併來合去，工廠可以移來移去，RCA工人們卻得永遠帶著工業污染之毒，與癌共存過完一生。

見證的突擊隊

RCA桃園廠址污染，從一九九四年就被要求開始整治，至今無法整治完成，我們該去那兒立碑紀念罹癌逝去的員工！土地可標示廢耕，靜待百年後自然的力量逐步變化它，RCA工人人體儲存槽活不過百年，也無法於自身之內轉化毒素，但人體卻不會致使毒性物質污染他人與土地！這種賠上千條命的品德與承擔，早已超出「自救」的境界，RCA的工人朋友們是台灣社會工業污染歷史的見證者！我們不能只同情地支持他們的自救，我們該合力創造機會與條件，發展出「千人工業毒素人體儲存突擊隊」，桃園縣政府何妨將RCA廠址變成工業污染現形紀念園館，桃園也再多一個招攬陸客參觀的地方，桃園縣政府也就發揚了「己所不欲，勿施於人」的美德。

夢境訊息，生之悵然

劉荷雲的夢境傳遞了往生RCA工人的靈魂訊息：「在忙於自救會事務的日子裡……曾經有一個夢境的畫面是荷雲夢見自己站在RCA公司的對街，一群人男男女女，全身白袍像幽魂般神情嚴肅地從分隔島一個接一個魚貫飄過，好似國慶閱兵般，每一位一經過荷雲的面前，就對她微笑，面容個個清晰但她卻又好像不認識。」

當荷雲為了RCA過世與罹癌同事們發聲時，夢裡訊息實為共患難的確認與感念。荷雲幸運未罹癌，郭陳秋妹則在罹癌後經歷著生命情愛的悵然。郭陳秋妹三十九歲開始癌症治療之途，郭陳秋妹的女兒美英憶述了母親罹癌割除乳房與淋巴後與父親夫妻情牽的一幕：

「……在離院回家後，郭陳秋妹就沒有和國輝同床睡了，偶爾郭陳秋妹會在國輝午睡的時候偷偷擠到國輝的床上，躺在國輝旁邊撒嬌，也變得更依賴國輝，美英知道這是母親怕父親離開。」

荷雲的夢裡訊息與郭陳秋妹的夫妻之情都非個人私事，工業污染之毒害侵蝕烙印在RCA工人的身心上，「千人人體儲存槽」是一道見證了台灣工業毒害的深黑色人形地貌！

邀請你買這本書，讀這本書，進入這一地景，沉重卻真實，台灣社會要傳承給下一個世代的，正是承擔後果與認識真相的勇氣！這也是RCA員工關懷協會所彰顯的工人精神。

序5

工學聯合改造社會

文／黃德北
（世新大學社會發展研究所教授）

RCA是跨國生產的始祖，在七〇年代曾經多年名列台灣出口績優廠商第一名或前茅，其地位就如同富士康目前在大陸出口產業的位置。當年許多年輕人滿懷熱情與憧憬到RCA工作，希望從此能改善自己與家人的生活及處境，他們確實暫時達到了他們的目的，甚至為台灣經濟的起飛做出了巨大貢獻，但他們卻為此付出了慘痛的代價。相對於富士康的工人在工作期間就因為高壓的勞動控制迫使他們以「連環跳」方式來表達他們的痛苦，RCA因有毒溶劑受害的勞工卻要到步入中年、RCA關廠多年以後才開始發現當年的工作對他們的身體造成多大的傷害。幸好在工傷協會等「外力」的介入以及RCA受難工人的集體組織行動後，一場與RCA的大規模抗爭就此展開。本書是在這樣的脈絡下才得以順利完成與出版。

二〇一一年初，在聲援過富士康工人連環跳事件後，許多人將焦點集中到RCA工人的工傷事件，由RCA員工關懷協會、工傷協會、世新大學社會發展研究所等勞工團體與學界聯合舉辦了聲援RCA的志工營，並在此基礎上進一步成立RCA口述歷史的工作小組，開始對RCA工人進行生命史的口述整理工作，以開闢在文化領域的鬥爭。這項工學聯合的行動現在終於完成，並能順利產出這本專書，這是許多年輕學生、RCA勞工與組織工作者集體努力才得以實現的。

本書透過對許多RCA受難工人及其家屬的訪談，對台灣出口加工時代工廠工人的成長歷史、勞動過程、家庭生活與病痛經驗都有很完整的描述，讓我們能對台灣工人的日常生活與勞動過程有更深入的認識。台灣社會科學的研究成果中有關勞工日常生活、勞動過程與抗爭的報導與分析都非常缺乏，這大大地限制了勞工研究的發展與知識積累，勞動研究產出的不足也會影響勞工運動所需要的文化論述，影響工運的開展，以致出現惡性循環，進一步局限了勞工研究與勞工運動的發展。本書的主人翁們在積極投入RCA工人自救活動之餘，又以口述歷史的方式將RCA事件及工人生命史完整地呈現在社會大眾面前，他們除了在知識領域留給我們豐富的學術資源外，更是將個人這段悲痛的歷史轉化成改變台灣社會的文化力量，對此我們除了滿懷感激地向他們致敬外，更希望讀者們能與本書的主角們一樣，以具體行動來改變台灣社會的政經結構。

序6

我非常願意

文／陳政亮（世新大學社會發展研究所副教授）

二○○九年底，經過了十幾年漫長的等待，RCA工傷受害者控告資方的官司，終於在台北地方法院開庭了。是日的程序是詢問頭一位證人，也是受害勞工之一的阿窕（黃春窕）。當時，她因罹患鼻咽癌，原本纖瘦的身形更為羸弱，化療後的副作用令她口齒不清，聲音黯啞，無法吞嚥口水，每講一句話都非常耗力。

開庭後，三位法官台上高坐，阿窕一個人站在證人席等待著質問。從她矮小的背影往上望去，司法權威顯得無比巨大；而這一場由眾多出身貧窮、沒有學歷、毫無背景、又身染重病的中高齡無業勞工，控告三家跨國公司濫用有機溶劑污染土地、毒害勞工的官司，看起來勝訴之日也遙遙無期。

「黃春窕，妳願不願意作證？」法官非常形式地開始了當日的庭訊。

手壓著胸膛，阿窕逼著嗓子，聲音都破了，高聲回說：「我願意，我非常願意！」

要如何不願意呢？畢竟這已是她們此生最後的控訴，更是台灣第一代工人在歷史上最重要的一宗審判，它牽涉到的不僅是對受害身體的直接賠償，還是對過去唯發展主義的反省，以及對土地與人民的正義回覆。「非常願意」啊，如果無人能記錄這般沉痛的史實，那就由受害者們以主體之姿，奮力說出她們的人生故事，讓這嗚然的聲響不絕於縷。

本書的故事，便是一群ＲＣＡ相關受害者生命歷程的短篇紀錄。從兩年前開始籌畫，動員了數百人次的志工，分成了十幾梯次的田調小組，於深度訪談中，在寫作工作坊裡，志工與受害者們共同摸索與激盪，交換著各自人生旅程中的深切感受；從那疊起來高過腰際的田野紀錄與不知幾版的初稿之中，琢磨著如何讓這些故事被社會真正看見，從而拉出一個歷史反思的空間，引動人們對於社會正義的追求。

工人固無史也。這，我們不願意反駁。但如果可以不要這麼說，我們寧願把這些小人物的點滴先寫下來。或許是慢了一點，也許這些故事也不能真正改變什麼，說不定我們文筆中淡染的文藝味太過苦澀。但請聽見，在漫長社會史中曾存在的ＲＣＡ受害者心中的「我非常願意」，讓喑啞而無言無權的工傷者們，在我們心中沉沉地訴說，直至這些話語成為歷史中久久不散的迴聲。

RCA
內服藥
先生
女士
用法
每日____回____日份
每飯前後及睡前__小時服用__包粒
每________小時服用__包粒
RCA
民國 年 月 日
RCA
EMPLOYEE SUCCESTION SYSTEM
RCA
EMPLOYEE SUCCESTION SYSTEM

RCA
QC

MUTE
DISPLAY
VOLUME
CHANNEL
PC
POWER
RCA

RCA
人不如土
工傷

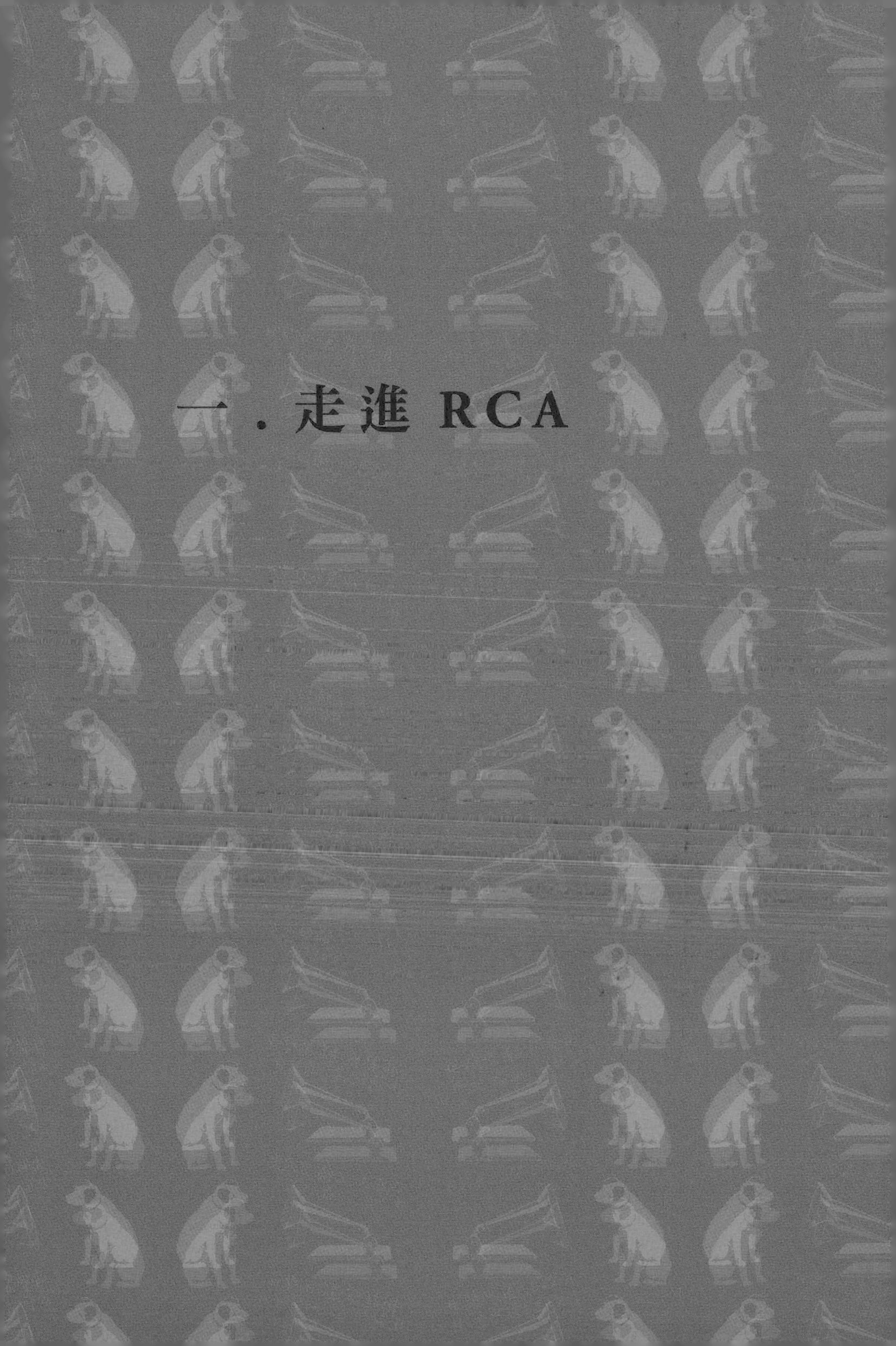

一．走進 RCA

走進RCA

一九六九年七月二十一日，全世界的人們同步倒數，渴望見證人類歷史上堪稱輝煌的時刻。格林威治時間凌晨兩點，阿波羅十一號從美國發射，這艘太空梭帶著人類浩大的野心成功登陸月球，阿姆斯壯從太空梭走出，緩緩步下舷梯，帶著美國國旗，踏上人類從未踏過的領土，「我的一小步是人類的一大步」，他驕傲地說。這一經典畫面透過當時擁有最好的電子傳播技術的大企業——美國無線電公司（RCA）同步傳給全世界，讓全世界的人一同為這美好的發展而驚嘆。隔年，這家富可敵國的電子廠就在台灣政府的獎勵下來台設廠，跨出生產線全球布局的第一步。

RCA成立於一九一九年，在美國聯邦政府的支持下，壟斷廣電資源並享有專利，使其各項電子技術遙遙領先同業。四〇年代廣播風靡，RCA以頂尖的技術成為全球無線電的龍頭，一九三九年，RCA公司推出黑白電視機，再於一九五〇年推出全電子彩色電視顯像管，帶領世界走向彩色電視的時代。除了電視機，ＲＣＡ還生產映像管、錄放影機、音響和通訊設備。

為保有市場競爭力，ＲＣＡ公司一再擴充生產，尋找低廉的土地及勞動力。ＲＣＡ的工廠從美國東部轉到西部，尋覓高失業、低工資的地方。ＲＣＡ認為女性有耐心、手指靈活，非常適合電子零件的組裝，所以大量招募具一定教育程度的年輕女性。若當地的工資上升，或有工人運動抗爭，ＲＣＡ便隨即關廠，另覓他處。六〇年代，美國勞動意識抬頭，從一九六四年到一九六七年，ＲＣＡ在美國布魯明頓的工廠至少有三次大罷工，於是ＲＣＡ開始轉往海外尋找新的地點，台灣就是第一站[1]，這就是ＲＣＡ資本流動來台的推力。

而資本的拉力來自於，台灣當時的經濟發展壓力下，正需要這樣的大廠進入。

五〇年代開始，國家的政策基調是透過計畫性的壓抑農業，進而發展工業[2]。一九五九年，美方向台灣政府提出「加速經濟計畫綱要」，建議去除外資管制、獎勵投資民營企業，最後在雙方競合下，結為「十九點財經措施」。而美援會於一九五九年成立「工業發展投資研發小組」確立三項原則：一是法律不利資本形成，修改法律。二是行政命令對資本有障礙，予以修改。三是投資人遇到問題，要幫忙解決，至此，台灣確立了資本大於一切的方向。而當時的經濟採「工業取代農業」、「低廉工資代工」等經濟措施，決定了台灣以代工為產業發展的方向，販賣人民的勞力換取國家的經濟。一九五四年通過的「外國人投資條例」與一九六〇年的獎勵外國人投資條例，厚待外資不受公司法相關規定，且享有補貼和優惠。一九六五年七月，美援正式結束，當時政府對於金援的缺口採取美援會「以投資代替貸款，以貿易代替經援」的建議，以各種租稅、土地、廠房優惠吸引外資投入，設立加工出口區，鼓勵外商公司進入台灣設廠，RCA就這樣被吸入台灣[3]。

一九七〇年，RCA正式來台，分別在桃園、台北、竹北、宜蘭、三峽等地設廠。RCA工廠內有空調、冷氣，還設有員工宿舍、員工餐廳，幾乎是當時最好的工廠。RCA塑造了一個模範生形象，最先進的技術，最大的廠房，一切都符合經濟發展下美好遠景的指標和想像。

除了待遇好，RCA還與附近幾所高級工商及高級中學建教合作，校車接送學生到RCA上班，校方也同意在RCA上班的學生能分期付款繳納學費。這對許多年輕學生而言是一大福音，而對RCA而言，則大大降低了工資成本。一般工人也享有宿舍和接駁交通車的福利，RCA就是這樣打造了一個「以廠為家、以廠為校」的環境把工人們牢牢的鎖在生產線上。

沿用美國的生產模式，ＲＣＡ在台灣大量召募年輕女工擔任生產線的作業員，而男性大多擔任管理職或技工。在台灣的全盛時期，ＲＣＡ三個工廠總計有二萬至三萬人，每天早上，通勤巴士一車車把工人們送到ＲＣＡ工廠，幾千個工人從公車上、宿舍裡湧入工廠，開始一天的工作，到了換班的時侯，場面更是壯觀，幾千個工人從廠房內湧出，再換幾千人湧入。

生產線上的女工，整天都必須要待在同樣的地方做相同的動作，每個動作都還要有一定的速度，不能停下來，上下午各休息十分鐘，大家就趕快利用這十分鐘上廁所、喝水，再趕快回到生產線上。

當時的員工以進ＲＣＡ為榮，ＲＣＡ也提供了豐厚的加班費，讓工人們願意花更多的時間工作，熱心的女工還會把生產線上遇到的難題及自創解決方式回報給公司建議改進，公司則以「促進生產」發獎金給員工，工人們一方面賺外快，一方面也覺得自己為公司盡了一份心力。在這樣的生產管理模式下，ＲＣＡ多次獲台灣外銷績優廠商第一名，並被台灣省政府選為模範工廠。

一九八三年，因韓國電子產品低價競爭，再加上台幣升值及台灣勞工法律日益趨嚴[4]，以致生產成本提高，RCA公司開始出現營運壓力。於是向當時的行政院長孫運璿要求給予關鍵零件進口關稅優惠，且希望協助覓地以整合所有廠房。經濟部建議RCA發展高級資訊電子產品，以配合台灣當時的經濟政策[5]。隔年RCA擴充桃園廠的廠房設備，開始生產電腦終端機和相關電子零件等電腦週邊設備，一九八五年，RCA在美國的生產線完全關閉，所有的工廠全數由美國移往海外。

一九八六年，奇異公司（GE）併購了台灣RCA，一九八八年，GE又將桃園廠和竹北廠賣給了法國湯姆笙（Thomson）公司，湯姆笙接管後，便準備結束RCA工廠的生產線，隔年開始資遣桃園廠的員工。一九九二年，RCA正式從台灣撤出，並將資金轉向人力及土地更便宜的地方。RCA關廠讓很多工人措手不及，有些資深員工原本再三年就可以請領退休金，卻只能領取資遣費（金額是退休金的一半），甚至還傳出有人連領到的資遣費都不足額。

RCA關廠後兩年，一位前RCA員工向立委趙少康爆料，揭發RCA公司在台期間違法傾倒有機溶劑。六月二十一日，趙少康召開記者會，向媒體揭發這個令人震驚的事實。RCA在台設廠期間連續二十餘年挖井傾倒有毒廢料與有機溶劑，特別是三氯乙烯和四氯乙烯[6]，造成當地的土壤和地下水嚴重汙染[7]。一九九八年，工研院針對RCA公害的研究報告顯示，廠區附近的地下水中三氯乙烯、四氯乙烯含量，在關廠多年後竟然還超過世界衛生組織（WHO）飲用水標準的二十至一千倍。隨後相繼爆發廠區居民、員工罹癌率嚴重偏高的事實，據官方統計，RCA罹癌死亡的員工至少有三百餘人，確定罹癌者更逾千人。

事件爆發之後，湯姆笙公司在環保署的壓力下於一九九六年進行桃園廠區土地、水源的污染調查，並將桃園總廠二萬九千多坪的土地下挖翻洗達二十公尺深，總計花費逾二億新台幣。可RCA員工賣命工作十幾、二十幾年，退休前遭到資遣的命運，原已生計窘迫，又陸續出現致命癌症，有機溶劑帶來肝癌、肺癌、子宮癌、大腸癌、胃癌、骨癌、鼻咽癌、淋巴癌、乳癌、腫瘤等各式病痛，而流行病學的研究還難以確認因果關係。罹癌員工逐年增加，每年都有人因癌症過世，卻哭訴無門。

比起土地，這群曾為RCA工作的工人們卻走得更加漫長而艱辛。從一九九七年開始集結至今，每年都會接到有人罹病往生的消息，沒有罹病的，也處在隨時可能會罹病的陰影中，甚至因此得了憂鬱症。這群人中，有的早已放棄對抗這個大資本家，也對國家不抱任何信心，但有的即使拖著一身的病還仍然奮鬥著，他們不只是為了自己，更多的，可能是為了曾經共事的同事和朋友。這個事件是所有RCA員工心中的痛，抗爭至今已經十五年，他們用盡下半輩子的生命奮力抵抗，誓言要奪回應有的正義！

註1——參考自 Jefferson Conwie, Capital Moves: RCA's Seventy-year Quest for Cheap Labour. New York : The New Press,1999.

註2——參考自蔡培慧（2009），《農業結構轉型下的農民分化（1980-2005）》，國立台灣大學農學院生物產業傳播暨發展學系博士論文，頁42-59。

註3——參考自陳信行，〈打造第一個全球裝配線：台灣通用器材公司與城鄉移民，1964-1990〉，《政大勞動學報》第20期，2006年7月，頁19-20。陳文育（2006），《發展主義國家、勞動安全與環境保護——以電子業在台灣的發展為例》，東海大學社會學系碩士論文，頁13-14。

註4——台灣於1984年開始實施勞基法。

註5——資料來源：民國七十二年一月十四日中國時報、民國七十二年一月十五日中國時報、民國七十二年一月二十一日中國時報。

註6——是屬「有機溶劑」的一種，具有揮發性，因此常被使用於電子工業、乾洗業、航太業等。一九七二年爆發的美商淡水飛歌電子廠集體職災事件，造成多名女工傷亡，導因正是三氯乙烯。目前三氯乙烯（trichloroethylene，C2HCl3）、四氯乙烯（tetrachloroethylene，C2Cl4）已被國際癌症研究局（IRAC）歸類為第一類致癌物，即對人體有明確致癌證據。

註7——資料來源：民國八十三年六月三日中國時報。

RCA

二．十二個故事

黃碧綺

黃春窕

吳志剛

梁素娟

羅雅瑩

傅若珣

劉荷雲

辛鴻茂

秦祖慧

盧鳳珠

郭陳秋妹

陳麗真

黃 碧 綺

黃碧綺自有一套帶兵之道。她知道作業員都是農家女兒，收成的季節，都不能待在家裡農忙，乾脆把工廠當賣場吧！她沿著長長的生產線來回穿梭，像個廣結善緣的團購推銷員，一邊促銷試吃，一邊接到其他作業員的請託，又推出新商品，從當季的青菜、葡萄，到代工裁縫的衣服，問她最難忘的團購商品是什麼？碧綺揮舞著雙手比畫，是夏天盛產的紅瓤大西瓜！

1954年 在桃園八德出生
1970年（16） 進入RCA一廠製造部
1972年（18） 升領班
1978年（24） 產下大女兒，自RCA離職
1989年（35） 再次進入RCA一廠製造部
1992年（38） RCA關廠，資遣離職
1998年（44） 經診斷罹患子宮肌瘤

採訪資料：

第一次訪談
時間：2011年9月24日
地點：黃碧綺家
訪員：黃祖德、劉念雲、林孟琪、陳于安

第二次訪談
時間：2012年5月26日
地點：黃碧綺家
訪員：黃祖德、劉念雲

文字整理：劉念雲

走進黃碧綺的家，不算大的客廳裡，開了一扇透風的落地窗，陳設乾淨俐落。碧綺是RCA員工關懷協會的理事，這幾年，在會議上幾乎從不缺席。平日，她是彭婉如基金會的家事服務員，周一到周五排滿了工作，到不同的人家清潔、打掃。

在RCA幹部群中，碧綺的身體狀況還算可以，小學畢業至今近四十年，她的勞動生活，從來沒停過。那一代的年輕人，在台灣由農轉工的歷史開端，沿著鄉村往工廠的縣道或產業道路上下班、婚嫁、遷徙。桃園當時已經是工廠林立的大縣，在七〇年代，吸引了外資、本土廠商利用各種獎勵投資設廠，年輕的勞動力從四面八方聚集來此。如今的桃園，仍然循著這條工業發展之路，坐穩全台產值最高大縣，即將升格為第六個直轄市，機場捷運即將通車、房價急起直追台北，越來越多白領勞工移民來此。碧綺的家事服務工作，就是騎車往返於這些雙薪、長工時的桃園新貴家庭，維持家務運轉。

走過將近四十年通勤工作的日子，回想最初，碧綺說，那時候很會下雨，抄產業道路上班，最怕雨天時腳踏車陷在泥濘裡動彈不得，不像現在，機車能在柏油路上暢行無阻。

黃碧綺生於桃園八德的務農家庭，一家二十多口人，都靠種稻維生。碧綺是長孫女，上有兩個哥哥，比起出外讀書的男孩，女孩子更是農家中重要的照顧者兼生產力。收成的季節，正午門前曬滿稻穀，男人、小孩先後上桌吃過午飯，輪到媽媽和女孩們吃飯時，只聽到阿公

黃碧綺在八德老家前。（張榮隆攝）

揚聲喊：「卡緊耶，落雨啦，緊來收穀子！」西北雨一落，還餓著肚子的女孩們，只得趕忙丟下筷子往外趕著收穀。

落雨天、豔陽天，都是工作天。十五歲瘦小的碧綺暫時撇下阿公的大嗓門，出外兜了一圈。那是個工人挑工廠的年代，八德、龜山一帶，處處都缺線上作業員，年輕人急著離開農村，進入工業社會生活。比起農家裡不能換成現金的勞動，不如騎上腳踏車，上生產線去。

罷工初體驗

早上六點半，黃碧綺從桃園八德出發，騎車往龜山工業區的電子廠。八點整，機器準時開動，線上多的是未滿十六歲的童工。工廠採日薪制度，工人有做事才有錢領。路途實在遙遠，一年後碧綺轉往離家近的小型電子廠，工作不到一年，以「罷工」收場。

「左右鄰居跟我說，下午不用上班了！好多人！」搞不清楚狀況的小工人，像湊熱鬧似地加入了翹班行列，為的是加薪或什麼理由，也不重要。這類臨時起意的野貓罷工行動，此起彼落地發生在戒嚴時期的台灣，工人們運用在勞動過程中串起的網絡關係，一個拉著一個請假或停工數小時，雖然不是有組織計畫、足以癱瘓生產的正式罷工，但仍可能造成雇主損失，以爭取勞動條件的改變。對未滿十六歲的黃碧綺而言，最具體的好處，就是換來半天休假。只不過，休假和停工、怠工終究不同，隔日她照著時間上班，卻看到廠裡貼了公告：「無故不上班的人從今以後不用來了，要來的人要寫悔過書！」總經理搬出看不懂的法律條文，對著碧綺解釋，國家禁止罷工。你們無故不上班，可不是依法休假啊。

那個時代，只要外出半天找工作，機會總是多到讓人不知如何選擇。「寫悔過書？免了啦！擱來找！」結束那個罷工的下午，碧綺毫不為難地離開，像蹺課一樣輕快，隨即進入下一間電子廠。一九七〇年，RCA桃園廠開始全面運作，那年四月，她在眾多工作機會中選擇進入RCA，擔任一廠製造部作業員。「地板打過蠟，亮得可以照出人影，好吸引人！」這是她對RCA公司的第一印象。

頭一個月的發薪日，碧綺看著薪資單的數字，總覺得不對勁。記得報上徵作業員的廣告，明明寫著起薪八百元，怎麼領到的數字還比底薪低？剛開始插件工作的日子裡，肩頸痠痛，手指總被板子上小小的電阻扎得流血，又怕趕不上流水線的速度，不能停手，對薪資的疑問沒時間找人解惑，只能趁下班搭交通車，和同期進RCA的年輕工人抱怨著，核對彼此的薪資單。

「以前的傳統產業都是日薪制的，有做才有錢，簡單明瞭。RCA是算月薪，比方說我把底薪的總數除以三十，想說就是日薪了，不知道有扣勞保、福利金、工會費。我們就是因為這些錢扣了五六十塊，想說不要做了。」連同碧綺在內，六個同期的小工人，各自回單位上填了離職單，說好理由寫上「公司扣了不該扣的錢」。「領班看到我這樣寫，還很興奮要我多寫幾項，要我幫在職的人爭權益！」

在RCA這樣「作風開明」的美商公司裡，人事部一次收到六張指控公司無故扣款的離職單，果然引起一陣緊張。結果，六個人先各自被組長約談，領班和組長又被主管約談，最後，「阿兜仔」經理直接找上她們，親自說明薪資問題。六個人七嘴八舌，阿兜仔等會兒說英文怎麼辦？

RCA公司帶進台灣的不僅是製造技術，更是美式企業管理制度。阿兜仔經理在辦公室裡，對著六個年輕作業員覺得奇怪，台灣人怎麼把薪資單公開？他用中文一項一項解釋：依照台灣的法律，公司要幫每個員工投保，員工也付一部分勞保費；剛過完五一勞動節對吧？薪水裡扣掉的福利金，就是用來買五一小禮品、或讓公司舉辦一天或三天的員工旅遊啊。「我們心想，老闆不是本來就應該讓我們去旅遊嗎？為什麼要繳福利金？」女孩們理直氣壯，況且公司發的五一紀念品，實在不討人喜歡啊！總而言之，對她們而言，什麼禮物保險，都比不上現金好用。

至於工會月費，她們更有理由抗議了：「工會也沒幫我們做什麼啊，為什麼要繳會費？」美國主管只好回答：「我們也不希望你們（勞工）組工會，是你們自己要組起來保障員工的……」

戒嚴的年代，雖有工會組織，實則禁止罷工、集會遊行，無法自主，工會實權掌握在資方管理階層手上，台灣的戒嚴令間接服務了美國資本家，箝制工人、壓抑抗爭。直到一九七五年，位於新店、與RCA公司規模相當的台灣通用電子（General Instrument）發動了近八小時的罷工，參加勞工人數超過一萬人，並達成談判目標，是戒嚴時的少數。六個年輕工人的嘀咕，無意間，道出了冷戰時期台灣工人「加入工會」的荒謬無奈。

在碧綺的回憶裡，這場差點成真的「集體離職」，在那個華美乾淨的辦公室裡，在阿兜仔主管好說歹說之下，不知怎麼的也就不了了之。也許忍一忍，就能出頭、有發展，至少有冷氣吹，不必待在那個熱壞了的三合院。

RCA蓋了數棟宿舍，主管會鼓勵員工申請住宿，方便加班。住宿品質一直為員工們津津樂道：「有一次加班太晚，沒公車坐，同事帶我去住她宿舍，那簡直像飯店一樣，牆壁是粉紅色的、地板是白色的、床單是白色的、被單是藍色的，全部都是公司統一提供，床單每兩個禮拜還統一送洗，連浴室都是一間一間各自分開！」沒多久，碧綺也申請到宿舍，住宿不只方便加班，更方便相招出遊，不怕晚歸時沒車沒伴。「那時我們都在說，以後RCA宿舍如果要賣，我們把它買起來，一起住。」

此刻的RCA公司，面對不斷提高的外銷需求，在廠內正迅速加開生產線，增加產量，年輕人手勤腳快，總有升遷、調薪的機會。往後一、兩年間，碧綺升任副領班、接著又升上領班，在新開的生產線上，領著埋頭插件的人們，前往發達之路。

大目仔領班的帶兵之道

工廠如戰場，領班是帶兵打仗的最基層管理幹部。RCA的領班全是從廠內作業員升上來的，這種內升遷制度把技術熟練、或在線上受人信服的工人提拔升官，一方面形塑為誘因，鼓勵作業員們在RCA穩定工作，當上了領班每月就能領職務加給。另一方面讓有領導能力的員工，搞定線上自家姊妹，安定生產運作，成為勞資矛盾的緩衝帶。

有時，領班倚仗公司政策，為求自保，便拿著雞毛當令箭，對付班上小姐（領班常以「小姐」稱女性作業員）。有時，生產線的產量壓力太大，領班得為基層請命。現實是，在RCA員工關懷協會裡，因有機溶劑毒害罹病的領班與作業員，人數不相上下。帶兵打仗的

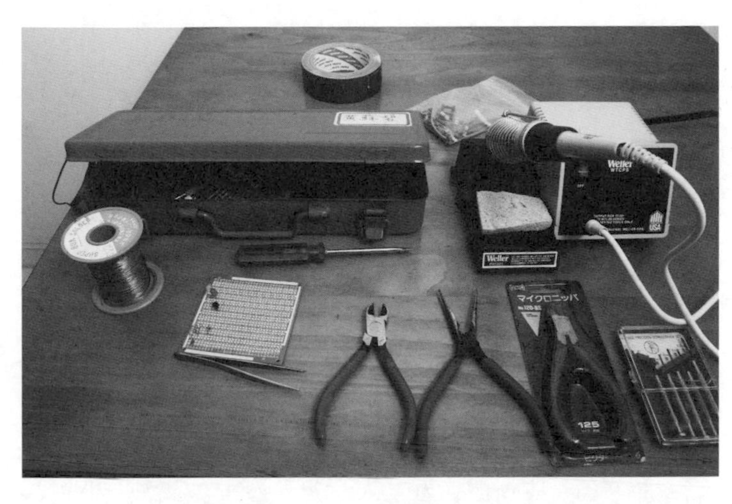

黃碧綺在RCA時期使用的工具箱以及插件時使用的各種手工具。右上方為在嘉馬電子使用的電烙鐵器。（張榮隆攝）

班長，與小兵們命運根本沒有兩樣，在資本家打造的惡劣戰場上，終究廝殺成傷。

升上領班後，黃碧綺終於不必成天插件、檢驗，只要把現場人員安排好，就閒下來沒事幹。起先遇上阿兜仔主管下樓巡視，她心虛裝忙，生怕被看成摸魚打混。「（美國經理）開會的時候說，你們（領班）身為領導幹部不可以很忙，否則就表示那一區的工作不順。」碧綺眼睛一亮笑著回想，憑著這句管理名言，她從此「閒得像神仙一樣！」神仙不是人人能當，不僅夾在主管與受雇者中間難做人，還得為線上生產成果負責，一個失手，就能搞得全廠人仰馬翻。「我們有很多不同部門，有QC（品管），也有 repair（維修），他們都會找領班，問為什麼錯件很多，反正所有人有事都找領班。有一次我們有東西差一點點都錯了，這批貨出到美國了又被退回來。領班好慘。」小小的管理幹部，要扛責任、又沒有實權，還得在第一線頂住工人的怨氣，維持產量。碧綺說，領班落得被小姐投訴，或發狠惡搞小姐，「把零件混來混去，混成胡椒鹽一樣雜七雜八」，都是常見的事。

碧綺自有一套帶兵之道。她知道作業員都是農家女兒，收成的季節，都不能待在家裡農忙，乾脆把工廠當賣場吧！「其實很多RCA的管理階層都有做副業，有的做保險有的做直銷，我都是義務幫人家賣東西。有的人住比較鄉下，公公婆婆在種花生，就秤好一包一包煮好的，拿一些去請人家吃，一包賣三五十塊，我就去幫忙推銷。花生不能拿進來（廠內），就跟大家約好，拿到搭交通車的地方發。每次賣完了，人家就會送我兩包。」她沿著長長的生產線來回穿梭，像個廣結善緣的團購推銷員，一邊促銷試吃，一邊接到其他作業員的請託，又推出新商品，從當季的青菜、葡萄，到代工裁縫的衣服，問她最難忘的團購商品是什麼？碧綺揮舞著雙手比畫，是夏天盛產的紅瓤大西瓜！「大西瓜耶！價錢都用簽字筆寫在西瓜上，抱上交通車多方便啊！不過好幾個都被我摔破了……」她吐吐舌頭說。

碧綺在RCA有個響亮的外號叫「大目仔」，那是一九七四年，高凌風發行第一張唱片

「大眼睛」，配上秦祥林、林青霞主演的瓊瑤電影，紅遍大街小巷。一把瘦排骨的黃碧綺，總是紮起馬尾露出兩隻大眼睛，其他生產線的小姐、三廠的男生們要來買瓜買菜，就指名找「大眼睛領班」。她的團購生意，沒抽一分錢，單純幫人賣。理由無他，為了打好人際關係，令工人同歡，甘願勞動，神仙也得下凡。

在碧綺看來，生產線上最重要的事，是讓小姐隨時能有人換手下線，空出時間跑廁所。RCA工廠每天上下午各有一次十分鐘休息，時間與廁所數量都有限，小姐們很容易憋尿壞了身體。「每天五點二十分打鈴下班，五點半交通車就開車，不管我去哪裡，五點我一定會回來，就從前面幫到後面，讓他們一個一個去上廁所，因為有的人交通車要坐很遠，坐一個鐘頭都不能上廁所。」原本廠內每個領班配有兩名候補人員，隨時能遞補上線，為節省人事成本，主管開始從已經跑順了的生產線，縮減候補人員，領班對小姐是否體貼，就是關鍵。

加班，正是領班與小姐交情的驗收時刻。碧綺自豪地說，「開一條流動線要四、五十個人，但至少會有三分之一以上的工讀生不能配合加班，三分之一以上的家庭主婦要趕回家煮飯。剩下不到三分之一是可以配合的。我通常手勢一比，（叫別條線的）幫我叫加班，人家就搶著來。」流動線只在白天開線，五點二十分下班之後，就算加班。平日晚間加班多為材料加工，準備隔天配合生產線用，星期天加班，通常是開整條流動線工作。據碧綺說，

ＲＣＡ對管理階層實施責任制度，沒有加班費，組長以上的主管當然不願意加班，「通常在廠裡是不能吃東西的，加班的時候沒有人管，我就帶頭買些東西請他們吃，或是放給他們唱歌。這是我最常做的事！就自己唱！清唱！還唱太大聲被隔壁組長抗議！」工人們此刻接管了工廠，享受難得的自在。ＲＣＡ作業員的加班費優於勞基法規定，加班時數動輒破百，每月累積加班費常高過本薪。多數工讀生們必須把月薪匯給家裡，如果加班，就能多少留下零花，領了錢好跟著領班到桃園大廟後面的夜市，買幾件難得的新衣服。以碧綺為例，在ＲＣＡ工作初期，她每月拿回家將近五百元，此時的台灣，年輕人出賣勞力，還能為自己與一家人存一個向上翻身的機會。

從低頭插件的位置抬起頭來，領班有時間、有任務在廠裡四處走動，看見生產線以外的ＲＣＡ公司，更看明白工廠內的層層管理、及不同部門人員間的合作或衝突關係。製造部是展現ＲＣＡ生產實力的門面，時常有人來參觀，由專人打掃，「兩條生產線間的走道，寬到可以開堆高機。」ＱＣ和 repair 人員掌握產品良率，領班和 repair 關係打好，出貨時的品質紀錄就好看，碧綺的生產線常拿到ＲＣＡ公司每月品質、環境清潔冠軍，公司發獎金，包下通勤的交通車，送冠軍到金山野柳一日遊。

至於工程部、物料部，幾乎全是男性員工，工程師負責設計、排定線上工作，辦公室亂七八糟，工程師的衣服又髒又邋遢。碧綺回憶，RCA的工程師們其實都另外開公司做生意、當老闆，甚至找熟識的領班帶著作業員，到自己開的公司「加班」。有工程師看碧綺辦事俐落，對操作技術也在行，找她進工程部當助理，她自覺學歷不夠，又看不懂英文，加上工程部沒有小姐好聊天，她搖搖頭拒絕了。「他（工程師）離不開我們的，工程師只負責設計，做的不內行。」男工程師碰到實做問題，就找領班們求救，後來進了一位女工程師，「從來不曾叫我們去幫忙過，還會主動要求讓她下來做做看……我跟她說，許小姐你好厲害都不用叫我們領班去幫忙，許小姐就一直笑。我都在主管面前故意說，女生多厲害啊，早就該請女的工程師了。」

一九七五年蔣介石去世後，好多國民黨高官們開始移民到美國、加拿大，帶動了能說英文、有人脈、有本錢的上層階級移民潮。有位工程師林先生，時常找領班們到工程部幫忙做事，他的老婆同是RCA財務部員工，有天把領班們找來工程部吃甜筒，原來，林先生的生意做到加拿大去了，每股三十萬，兩夫妻找領班們插股投資，還打算找碧綺到加拿大合夥工作。

「當時就是沒有想很遠，如果為自己考慮的話，應該是要去的。」碧綺半惋惜半開玩笑說。如果當時去了加拿大，人生就是另一番局面，也不會踏進關廠後的自救運動。當時的

RCA不像現在的面板、晶圓廠，工人被區隔在一間間的無塵室裡，難以互通消息、彼此聯繫。站在工廠裡，碧綺放眼望去，還能在白濛濛的有機溶劑毒氣和煙塵中，看到全廠人員、設備。RCA事件爆發，受害員工開始集結之始，當年的領班們擔起組織聯繫小姐的任務，也憑著在四處走動的回憶，有條件拼湊指認廠內的環境景況。

沒多久，世界就變了

一九七八年五月，碧綺的預產期將至，當時她已搬入丈夫公司的

黃碧綺（後排左二）參加RCA的員工烤肉活動。（黃碧綺提供）

宿舍，每日從新竹縣新豐鄉搭交通車往返RCA。她頂著大肚子走動，生產線上沒有多餘的座位，忍不住腰痠，就請小姐起身去走走，讓她坐下來插件兼休息。當時的月薪已經是六、七千元，若不是大女兒出生後成天哭鬧難帶，她直說真捨不得辭掉工作，「產假請了五十六天，接著就是盤點假，那對員工是很長的一個假，九天，然後十月又碰到一堆假，捨不得辭職，最後加上我的特休假，好像就撐到九月底或是十月才退保。」碧綺記得，林先生找領班們入股時說過，RCA在對面（中國大陸）有計畫，台灣工廠遲早會收，她一心想儘早回RCA去。

大女兒剛滿周歲，會走路，也不愛哭了，此時住在台北婆婆家的碧綺，恢復了手動、嘴動的勞動習慣，到五分埔車衣服賺錢。台北成衣加工業在此密集，整排一樓半的房子裡，擠著小型加工廠兼住家。「最開始是到廠裡去做，讓對方知道我的品質，然後才可以拿回家做。拿回家做不用趕，比方說你一次拿十件，你就做十件，做好送去，再拿幾件回來做。一個月這樣做，還是可以到六、七千塊，同時煮飯帶小孩。」撐到女兒念幼稚園的年紀，她在省立桃園醫院附近買房子，搬回桃園，一邊擺路邊攤賣香腸、炸地瓜，一邊盤算著要回RCA上小夜班。半年後，卻因丈夫健康因素，她又帶孩子搬回台北婆家，憑著在RCA的漂亮履歷，先後進入嘉馬電子做測試調整、以及在當時生產知名商品「禮蘭蛋蜜乳」的禮蘭國際做包裝。

一九八九年，她終於如願回到RCA，此時RCA的股權已經經歷兩次轉手。「本來想可以做到二十年退休，沒想到RCA（民國）八十一年就收了。」那一年，碧綺領到了十幾萬遣散費，工廠裡本應是清點設備、財產的冷清散戲時刻，卻意外像盛大慶祝的園遊會，各家公司為了搶到這批技術精良、訓練有素的作業員，都派來遊覽車，載滿即將遣散的RCA員工外出參觀。

「沒多久，世界就變了。」碧綺淡淡地說。那段與她青春年紀重疊著的RCA光榮年代，就此結束。「經濟起飛的時候，也是我們人最年輕的黃金時期，當時從來沒想過，幾十年過去，現在什麼都沒落了，景氣沒落了，健康也沒落了。」

一九九二年RCA關廠，與碧綺一樣的工人們，都期待能在新公司裡重新開始，做滿退休年資，但在九〇年代，各家紡織、電子廠都和RCA一樣，正大舉移往海外，要不將產權易主，要不就乾脆關廠走人。碧綺離開RCA後十年之間，又領過三次遣散費，越領越不開心。「越來越老了，怕沒人要了，找工作都有年齡限制。當時很多工廠外移，很多都是工廠賣給別人，把我們遣散再重新聘回，但是重新應徵都有年齡限制。」她指著勞工保險投保資料上，這間公司的退保日緊接著下間公司的加保日，難道是前腳踏出上家工廠，隔天就有新頭路？「這三家工廠其實是同一家，轉手兩次。」整個九〇年代，投保單位名號的頻繁變換，意味著老闆們大玩改名換姓、五鬼搬運的遊戲。誰知道哪一天真會丟了飯碗？

生活即勞動

RCA關廠後，碧綺在新竹一帶的電子廠，繼續熟悉的加班生活，仍是手動、嘴也動，流通消息、談論時事。碧綺家裡沒裝第四台，回到家又總是錯過晚間新聞時間，只聽線上同事說起RCA公司上了新聞，清潔劑（有機溶劑）污染土地與地下水。當

關廠前，黃碧綺（右一）與同事們在廠內留下的身影。（黃碧綺提供）

年在RCA一同爬山、住宿聊天的老同事們失聯已久，往事太遠，她只覺眼下的生活要緊。直到一九九七年後，碧綺接連診斷出腹膜炎、子宮肌瘤，開了三次刀，瘦到四十三公斤。一九九八年底，她在火車上碰到RCA老同事周瑞媛、賴金絨等人，那是RCA污染事件爆發後，勞委會委託馬偕醫院為RCA員工作健康檢查，老同事們剛從台北結束健檢，RCA事件似乎已經吵得風風火火，她聯繫上梁克萍，加入RCA關懷協會。

只是，三個孩子都在讀書，收入不能斷，工作不能停下，RCA事件只能放一邊。做過的工廠一間又一間，紛紛精簡生產線與人力，頭路難找，她先在新竹幫人賣麵，二〇〇四年後，又搬到桃園自己開麵攤，生意清淡，扣除每月一萬八千元的店租後，所剩無幾。這天，熟客的一句話，讓碧綺三天內收掉攤子改行。

麵攤的客人跟我說，彭婉如基金會有這個家事工作的課，我趕快叫女兒幫我打電話，對方說三天後要開課，下一期不知道什麼時候才會開，只要請一天假就喪失資格。我聽完很阿沙力，當天就打給房東，說我不賣了，今天明天哪一天有空過來，之後我就沒空了。我生意不好，每個月雖然沒有給你拖房租，你不要以為我有賺錢，所以最好退我一半押金。後來他真的退我一半押金耶！當天賣完麵，隔天再賣一天，剩下的貨通通送給人，所有的工具拿到二手店賣了兩千塊。最後一個晚上，叫我妹妹來幫我把一些鍋子載回娘家用……我妹一直罵我，每次做事都這樣，想幹什麼就做什麼，都不規畫考慮！

二〇〇五年後，碧綺的經濟狀況才逐漸安定，生活終於騰出些微空間，有了回憶的力氣，她馬上想到RCA時期最重要的姊妹，簡美令。在RCA住宿時期，她們辦舞會，美令唱歌碧綺放音樂，也一起搭車上台北遊山玩水、一起交了男朋友。美令和碧綺一樣，俐落果斷重情義，兩人至今仍是相互支持的至交。那個下午，

黃碧綺與簡美令年輕時合照，右為美令。（黃碧綺提供）

兩人在美令的公司聊得停不下來，碧綺拼湊著多年來不曾提過的一個個人名：阿甜、素菊、明月……不知道她們都去哪了？

美令的座位旁堆著幾箱文件，這時的她，剛擔起RCA關懷協會理事長的重任，忙著和協會幹部們打電話、調查會員資料，推著協會重新運轉。碧綺開始參加協會會議，「說真的，我加入自救會（即關懷協會）只是為了要看看老朋友，想不到都沒有找到人。我最大的心願，就是把大家都找回來話當年。」

碧綺八年來從未間斷居家服務工作，一度操勞不堪，「站著腳底痛，坐著屁股痛，躺著腰酸」，復健也不見效果。四年前，碧綺開始耐心學推拿保健，自我照護，治好種種不適。她捧著厚重精裝本的推拿解剖書，寫滿了筆記，周間上課、周末跟著老師到社區活動義診，她還到社區大學學電腦，筆電裡存著各種關於運動傷害的影片、圖片。在RCA關懷協會的會議上，仍是手動、嘴動，一面開會，一面幫幹部們推出一肩長年勞累的淤痧。

身體會說話。她們的生活，就是勞動。

後記

文／劉念雲

十年前，在大學課堂上看完紀錄片《奇蹟背後》，沉重得說不出話。更沉重的，是進入工傷協會後，發現RCA案還沒解決。

寫碧綺故事時，與RCA同代的關廠工人重新上街，抗議勞委會縱放資本家、向老工人討債。白領、年輕勞動者低薪過勞，連工會幹部都因爭取勞動權益，受資方打壓致死。在台灣，一般產業是榨不出更多利潤了，資本家轉而搶地炒作暴利，相較之下，此刻RCA訴訟為死傷者爭的，簡直只是官商皮鞋踩住的一塊零錢。罷工或領班故事貌似輕快有趣，卻是工人不甘被生產機器全面控制，設法搞事讓自己活得像個人。這是我作為運動者，特別珍視而想呈現的，細微抵抗的火花。

與碧綺相約看稿這日，我問她怎麼看臥軌的關廠工人？碧綺說，他們和ＲＣＡ工人都一樣，是政府跟有錢人腳下的一隻螞蟻。與ＲＣＡ公司的一審訴訟，進入下半場決戰，我和碧綺都悲觀地認為，政府與跨國資本相互挾持，工人要的公道，未必能透過訴訟爭取。如果官司打輸了，該怎麼辦？我問。能怎麼辦呢？她說，如果排除現實條件問題，也許就在宣判隔天買下各大媒體，登報控訴一番吧。

「如果有可能的話，螞蟻也是會想變成紅火蟻的。」碧綺說。我認為將近二十年的ＲＣＡ事件，讓微小之人敢於以小搏大，但要搏倒巨大的壓迫結構，還需更多人來成群結隊，繼續點火。

文／黃祖德

我只想著我自己，我還會是誰？

我逃避著我自己，我還會是誰？

今早，開車經過省道旁的ＲＣＡ廠址，手機拍下某個角度位置的瞬間，左右顧視環境，眼看心道：「為去毒消氣翻嘔成堆高土上綿延蔓草樹」，仍在烈日下。

當一九九二年ＲＣＡ關廠，母親遭資遣離職時，我正將蓄積了十八年之熱能大量流落大學台北生涯中，而疏忽了支持與回望桃園家中。致使再十八年後，以現在回推兩年前，從心浮現過去的事件母親的病，推動我繫著母親一同再次勇往地進一步。

二〇一一年，受訓課程中，碧綺擔綱教授還原當年ＲＣＡ工作環境與作業細節。分組討論中，碧綺展現了毅力與美好的人生態度，與我們分享。後來兩次的拜訪，更瞭解工作細節外，看到更多碧綺領班的豐富人生。

上周六，母親在ＲＣＡ廠址的對面餐廳舉行家族聚會（商討著我表弟的婚禮安排），我突然意識到，一些並非離棄這片土地與非只存怨懟只想遺忘的人們，堅強地沉穩地等待著新土翻出法律扶正。

黃春窕

黃春窕，身高一百五十四公分，開朗愛說笑，年紀輕輕就考上國際認證的品質技術師（CQT）證照，二十二歲離開東電化後，進入RCA一廠工作，同時在健行工專夜間部就學。擅於打通廠內的人際關係，除了二廠與夜班的同事之外，不認識她的人少之又少，薪水在當時也稱得上優渥，努力工作養活了一家子。

1954年	出生於桃園楊梅
1976年（22）	進入RCA一廠工作，於健行工專夜間部就學
1978年（24）	擔任PC板品管員，開始出現暈厥與流鼻血等症狀
1992年（38）	擔任RCA工會理事，並隨RCA關廠資遣
1997年（43）	首次到長庚醫院就醫，鼻咽切片檢查無癌細胞，疑似轉移
1998年（44）	鼻咽癌末期轉移到淋巴腺，開始放射性療程與化療
2009年（55）	為RCA訴訟案，首度以證人身分，在台北地方法院出庭作證

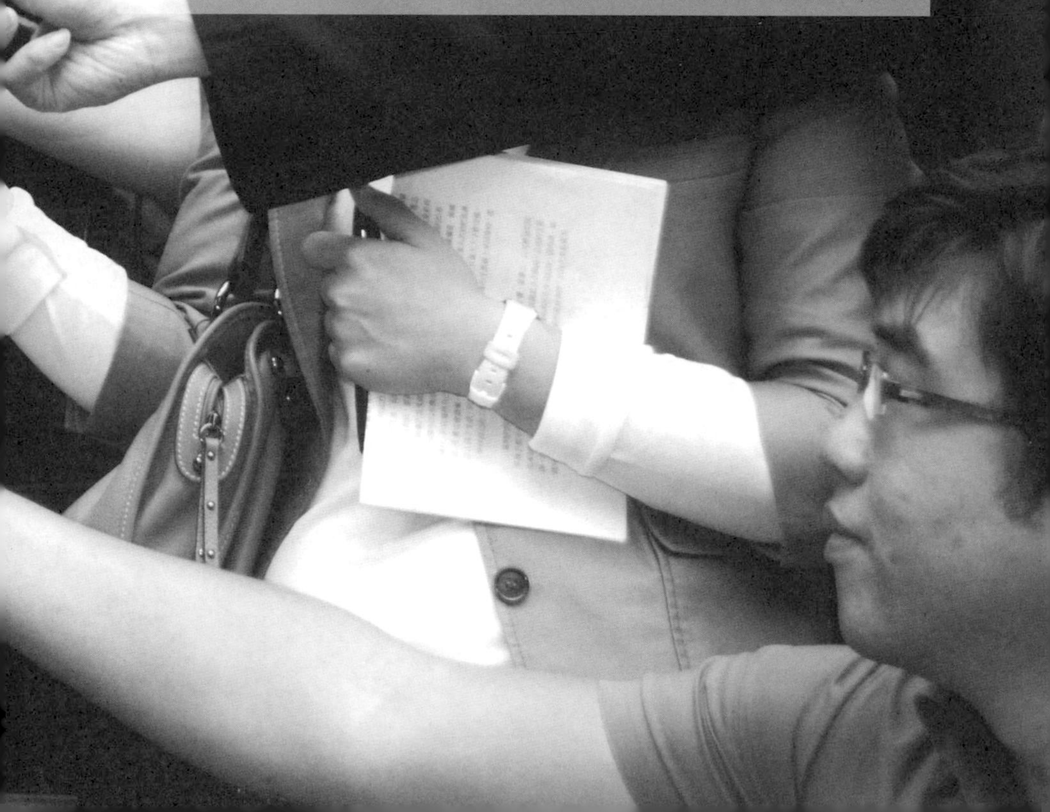

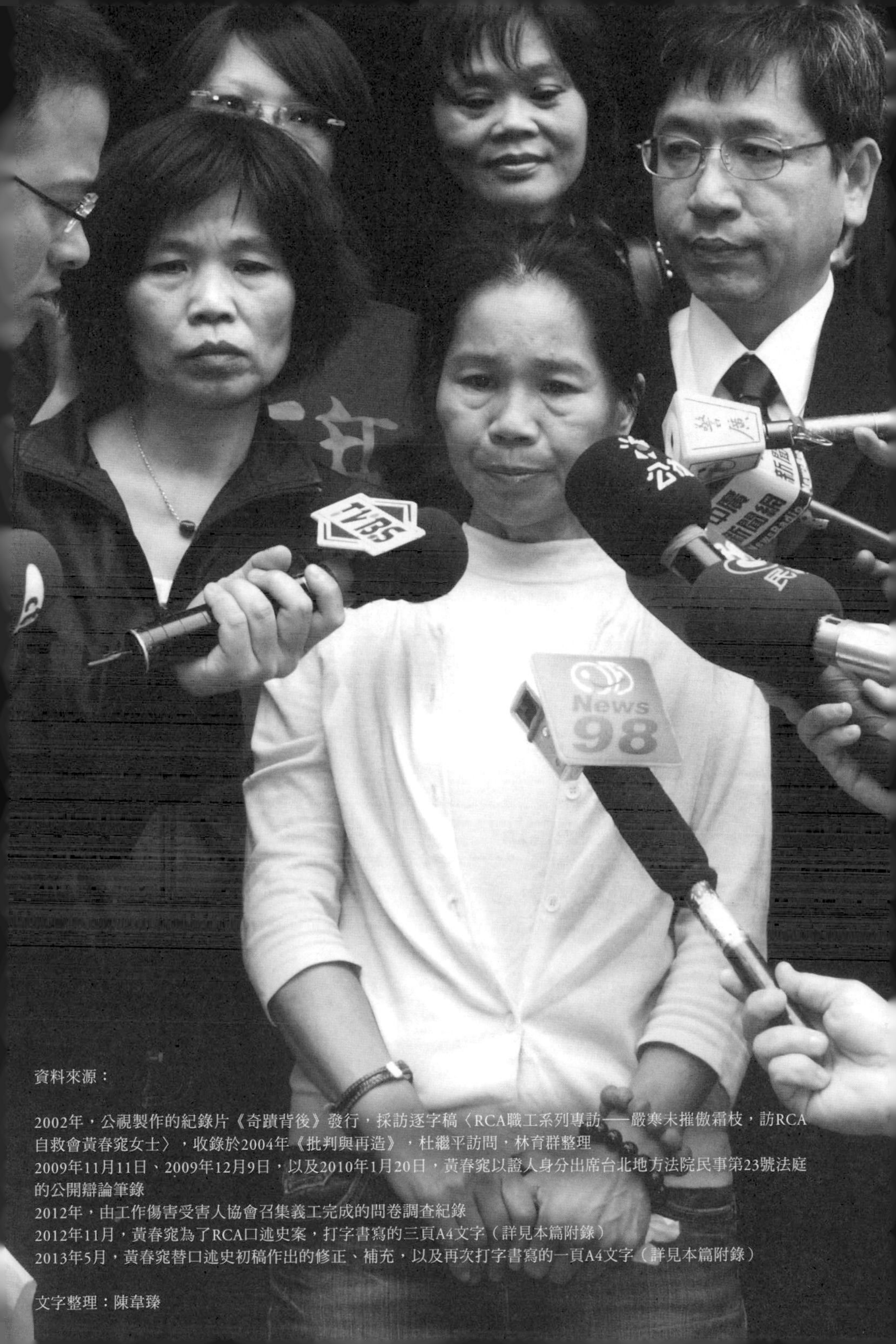

資料來源：

2002年，公視製作的紀錄片《奇蹟背後》發行，採訪逐字稿〈RCA職工系列專訪——嚴寒未摧傲霜枝，訪RCA自救會黃春窕女士〉，收錄於2004年《批判與再造》，杜繼平訪問，林育群整理

2009年11月11日、2009年12月9日，以及2010年1月20日，黃春窕以證人身分出席台北地方法院民事第23號法庭的公開辯論筆錄

2012年，由工作傷害受害人協會召集義工完成的問卷調查紀錄

2012年11月，黃春窕為了RCA口述史案，打字書寫的三頁A4文字（詳見本篇附錄）

2013年5月，黃春窕替口述史初稿作出的修正、補充，以及再次打字書寫的一頁A4文字（詳見本篇附錄）

文字整理：陳韋臻

一九七四年的台灣，開始實施十大建設，外貿總額高達十二億六千萬美金。那是台灣錢淹腳目時代的前朝，就在這一年，出生農家的黃春窕二十二歲，進入美商公司RCA工作，開始一場農家女帶領家族翻身之夢，一待就是十七年。

二〇〇一年，黃春窕四十七歲，已離開RCA十年，再次踏入永久污染的桃園RCA廠區，在這裡接受一場口述訪問。在這個年紀，理應是兒女已經獨立，開始與老公規畫退休生活。但她站在這塊永久污染土地也污染她身體的廠區，帶著已經進入第五個年頭的鼻咽癌。還能走、還能笑，還能對話自如也還能在早晨對鏡子說：「不錯，早上起來的時候，很高興今天不錯沒死又可以看到今天的太陽。」

二〇一〇年，黃春窕站在法庭上，面對著RCA請來的律師，震動她喑啞而衰弱的聲帶，難以辨識的氣音依舊堅定地一一點名：「我這組八個人，當中有五個人得癌症，有一個沒有得癌症，兩個沒有聯絡上……楊春英沒有得癌症，但是她有死胎。龔永香失聯。呂家欽得乳癌。楊玉玫得肺癌已死亡。許翠珠有免疫性、永久性重大傷病。韋雪琳失聯。陳若梅得子宮頸癌，她也有死胎。黃春窕鼻咽癌。」

那曾經的風光明媚

黃春窕，身高一百五十四公分，開朗愛說笑，年紀輕輕就考上國際認證的品質技術師（CQT）證照，二十二歲離開東電化後，進入RCA一廠工作，同時在健行工專夜間部就學。擅於打通廠內的人際關係，除了二廠與夜班的同事之外，不認識阿窕的少之又少，薪水在當時也稱得上優渥，努力工作養活了一家子。對當時的她來說，除了RCA，完全沒有想過轉換職業跑道。

黃春窕的家庭在四〇年代陷入一貧如洗。父親的船運在三〇年代末期，於日本琉球被日本沒收，一無所有地回家，往後只能由商轉成佃農。父母鎮日為了生活去鎮上拉糞車澆田，結果澆太肥，別人家長稻子黃家卻長稻葉，繳完地租連三餐都成問題。運氣繼續落底，黃家人連生八個女兒，兒子一個也不見，其中第七個就是黃春窕。

困頓的經濟，碗中永遠是地瓜簽混飯，免得小孩盡挑飯吃，或者再不行就直接拿地瓜當主食。求學時，黃春窕往往到了學期末還繳不出學費，課本也買不起，她自己戲稱「二十六個英文字母少認了好幾個」，末了又不甘地表示：「若是有錢給我念書，我一定是個博士。」由於家中經濟負擔不起，從高中就開始念夜校的黃春窕，十七歲左右便開始半工半讀，第一份工作在日商東電化（TDK）檢驗室工作。黃春窕手打算盤處理報表，珠算一級的她，整天坐在檢驗室中做線圈尺寸握筆寫統計表，寫到二十二歲，寫出右手中指的握筆凹痕，但怎麼也想不到，這樣都好過日後那清潔劑的侵蝕。

離開東電化後，黃春窕轉到RCA工作，擔任一廠的品管員，學業表現則天才般地高分入學，由商科轉到電訊工程，一邊工作一邊在夜間部就學。二十二年的女工生涯，直到一九九二年RCA關廠才結束。

一進RCA，黃春窕面對的是一個禮拜工作五天、每日含加班時間平均九小時多的工作時數。早上、下午各十分鐘的休息時間，每個月高達一百餘小時的上班時間，黃春窕就待在一

阿窕與QC部門最要好的同事楊玉玫（左）於RCA廠區內合影。（黃春窕提供）

廠三千坪大廠房中，坐落於總數十二條的生產線之一，呼吸著密閉空間中透過中央空調輸送循環的冷氣。

每日一早八點開工，先是半小時的查料後，黃春窕就整個人坐在品管之位，左臨松香槽，右擁銲錫爐。負責品管的黃春窕，主要的工作是檢查主機板基板插件的完整正確性。RCA生產電視內部的主機板決定著勞工的身體勞動節奏：基板經過流動線，在女工插件完成後，浸洗在松香槽內，而後黃春窕目視有無插錯或漏件；接著基板再經過銲錫，接著剪腳，沾著的清潔劑總是還來不及蒸發，線上作業員便得由雙手拿起基板仔細檢查，確認組裝無誤，再由身為品管的黃春窕抽檢。

近視的黃春窕，總必須雙手高捧主機板貼近臉部檢查，餘溫未散即吸入大量廢氣。每天工作，撲鼻的是三氯乙烯清潔劑的氣味，公司一個月發放一次的口罩，四、五天之後便不堪使用，接下來的日子就是毫無阻攔的刺鼻氣味伴入呼吸。雙手拿握著清潔劑剛洗淋過的基板，一個月兩雙棉質手套，即使戴著也是被清潔劑滲透、與調和劑沾黏。一個手套堪用幾天，兩個都用完，接下來平均至少還要撐十五天左右徒手拿基板檢查。加上右邊生產線沒有遮蓋的松香揮發氣體，左手邊銲錫爐的熱氣與封閉不全滲出爐內的煙，這是黃春窕最基本的工作環境。

除此之外，每個小時一次的銲錫爐測溫，才是「焊錫調和劑經高溫」的強力入侵。每回站在大大的密封玻璃銲錫爐前，黃春窕打開爐門，兩百五十度的熱氣往臉上衝，PC板本身加上調和劑經過高熱揮發，凝聚在空氣中。每次得花五分鐘測量溫度，兩個銲錫爐就是十分鐘之久，剛開始黃春窕還能知覺鼻子不舒服，時間一久也就麻痺，但伴隨而來的，是經常性的流鼻血和記憶中三次的暈厥，還有當時伴隨著羞恥感而不敢啟齒的兩次流產，約莫在她二十四歲與二十八歲的青春時光。

工作之外的休息時間，黃春窕就和其他人一樣，上廁所、喝水。廁所旁樣式簡單的飲水機提供了冷、熱水，每次休息十分鐘的時間，整廠大夥兒就搶著用，水來不及煮開，也只得照常喝。目睹過廠務部技工更換飲水機濾心，黃墨綠色的濾心看上去像褐色青苔，若再遲點更換就變成黑褐色，黃春窕再也不敢喝冷水，只好每天拿熱水泡茶，倒了一杯裝在雀巢咖啡罐裡，放著工作時渴了繼續喝。吃飯時間就是公司的餐廳，如果遇到周日加班公司不供伙食，便到外面吃自助餐，或更簡單一點直接把泡麵帶到公司，拿飲水機的熱水泡麵果腹充飢。

但當時的黃春窕怎麼也不覺得苦，由於認真努力、加班以及專業執照的加持，讓黃春窕當上了技術員，每月薪水總在千人之上。一萬多台幣的月薪，比起其他人一個月四千元的收入，對外實在足夠傲人，對務農的老家與替家裡貼補生活費來說也相當好用，畢竟當時正值農業轉型工業發展的社會，老家種的米已經換不來什麼利潤，甚至連種田的成本都換不回。農村小孩踏入城鎮工廠，是當時整個農村社會出路的普遍選項。

不只作為家中的經濟支柱，黃春窕勞動所得更可大大改善家計，加上她舉一反三的聰慧、又常想點子協助公司改善作業流程，經常登上《ＲＣＡ家園》雜誌並獲得獎金，後期更當上工會幹部，在其他同事日後的回憶中，烙下熱情又活力充沛的印象。直到關廠前，黃春窕依然是廠內的活躍人物，擔任起ＲＣＡ工會最後一屆理事之職，帶領其他勞工爭取公司的遺

年輕時的黃春窕。（黃春窕提供）

散費用。未料，除了遣散費，更嚴重的竟然是多年後才浮出檯面的廠房污染以及工作傷害問題。

奪命「少酒小人蔘」

站在法庭裡，黃春窕身上揭露的是所有的RCA罹病員工，在這場踏入第十五年的官司戰場中，肉體都一步一步傾頹的事實。她像在講述一則古老的寓言：

當時的RCA，運送貨物的碼頭就在一廠與庫房邊，外面的麻雀就會誤闖到廠內，進到廠內的麻雀，由於缺乏乾淨的空氣，沒一會兒就無力再飛，總是隨手被庫房裡的高中小男生一把抓住。麻雀被帶到堆放有機溶劑空桶上，經過一會兒麻雀就被有機溶劑燻死了。

黃春窕細細講述麻雀之死，下了一個結論：「沒有任何一個人察覺到，只是覺得很好玩，現在事後回想起來，其實麻雀是告訴我們，你們的日子也差不多了。」

而誰又會記得，曾經連貓都來警告？黃春窕回憶起，她曾在姪子當兵前兩年，推薦他進廠務部當水電雜工，短短兩年內，姪子不止一次發現野貓死在水塔裡。誰聽過貓死在自家水塔裡？姪子只叫黃春窕別吃公司伙食。日後，黃春窕才想起，曾經在《RCA家園》雜誌中，讀到一篇〈安全衛生篇〉，描述RCA主要使用三氯乙烯做為清潔劑，原料比空氣重上四倍到五倍，想來是貓聞到廠房排出的廢氣才昏死。那勞工鎮日呼吸的空氣呢？

她日後才恍然理解，難怪負責剪線房與電源線的工作都是單獨隔間、難怪那裡的勞工最多癌症，品管員兩位都得乳癌、難怪每回從外頭走過，裡頭飄出來的臭味都清晰可聞。但這理解實在來得太慢，一九九八年，黃春窕開始籠罩在無望的生命谷底。一場感冒引發了咳血痰，黃春窕趁著母親跌倒到長庚醫院住院時，順便掛了耳鼻喉科，結果，「為何感冒不會好？」的提問，換到的是醫生判定鼻咽出了問題：「要切片檢查。」

「什麼叫切片，根本不懂，我說好，就直接做切片。好痛，針好長好長，伸到裡面割兩塊肉出來。」心裡七上八下，黃春窕根本不敢面對化驗結果，最後是五姊與妹妹兩個人去，醫生說化驗結果沒事，但可能轉移而切片沒檢查到，奉勸她最好持續追蹤檢查。可惜黃春窕早已嚇破了膽，始終沒再踏入醫院檢查，任病情拖延，尋求民間治療祕方。十個月後，脖子腫瘤已經如鳥蛋大，扯著頸部肌肉，連轉頭也不能。最後妹夫將她安排至和信醫院檢驗，結果出來：鼻咽癌末期。

黃春琬不知如何回到了家，也不知如何處理後續問題，整個人傻著，到家燈也沒開，在黑暗中癱坐在角落。呆了、傻了，兩個孩子都還在學校上課，單親家庭裡，沒有另一個男人，她先打電話給妹妹，妹妹與妹夫兩人趕了過來。黃春琬忘了怎麼哭，妹妹倒是自己先哭了起來。對死亡的恐懼，可以讓一個人沒有任何武器或回應能力。「因為你沒有死過，你不清楚你摸不到的東西，你沒有辦法去感覺的東西……既然是癌，就是與死畫等號。」結果妹夫成為在場唯一清醒而理性的人，控制住妹妹的情緒，隨後妹妹說：「妳要自己站起來，妳兩個孩子我不會幫妳養，妳自己有本事生，妳自己要有本事養，我沒責任挑你那麼重的擔子，明天就幫你安排住院治療。」

能不能死，作為一個母親，黃春琬已經有了答案。

從此開始，黃春琬由一名高薪優渥的建設公司行銷講師，一個收入比雙薪家庭高又供女兒在英國唸書、替子女貸款置產的單親媽媽，轉變為一位與化療、放射線治療並存抵抗癌症的悍將。往後半年，放射線療程總共三十六次，每次十五分鐘，並合著化療每次療程七天，一次一個半小時。

這些療程不僅把黃春琬身體弄垮，又因為剛好是頭頸部，導致口腔潰爛，喝水如刀割，口水也吞不得，只能靠麻藥麻痺口腔，「先用麻藥麻了再吞水」。那如刈刑般的撕裂疼痛，嗎啡無效，貼片也無用，黃春窕整日背著一個嗎啡機器隨時打嗎啡，成癮的憂慮根本比不上忍不住的疼痛。因為化療導致血管硬化，針筒無法扎入血管，只好再做手術開個洞提供打針用。黃春窕喉嚨鈣化，喝水嗆到氣管，插鼻胃管餵食。忍無可忍，黃春窕親身使用醫生手中的實驗藥物，改善口腔潰爛結疤，實驗結束後，她請妹夫從日本帶一千顆藥回來，再拿五百顆給她的主治醫生，請醫生用在同處境的病患身上。原本口都不能張，好一點可以打開齒頰，一絲舒緩都是恩賜，黃春窕邁入一場只能靠樂觀正向與疾病抗衡的爭戰。

樂觀正面從來不是與生俱來的天賦，黃春窕身上的勇氣，是來自父親、姊妹、朋友及RCA同事夥伴們的力量與支撐。九十多歲的高齡父親，與黃春窕同住，「假如我倒下去，我爸爸就是倒下去，支撐著我勇敢活著。」生活的持續與情緒的維持，成為一種不得不然的責任感。妹妹與妹夫撐著她所有的經濟與龐大醫療支出，妹夫買血燕窩，去毛燉煮打汁過濾，讓妹妹天天送到醫院用鼻胃管餵食黃春窕，天天從桃園到醫院，壓力之大讓黃春窕的妹妹瘦了一大圈，妹夫心疼：「老七沒走，妳這樣下去都會先走。」除此之外，兩人總想辦法緩解黃春窕因絕望而想要自我了斷的欲望：「妳要有環保概念，跳河死，污染水質，影響人家飲水問題」、「要跳樓的話，要小心注意人家安全，就像有一個阿伯賣肉粽不想要死，妳上面一跳就把人家阿伯壓死」、「要跳要挑高樓層點，像我們家這樣三、四樓跳下來，會變阿吉仔」同樣，姊姊每天燉雞精，總是買來未施打荷爾蒙的土雞，一隻雞燉上六小時，邊燉邊盛鍋裡滴流出來的汁液，去油凝成一小碗，透過黃春窕的鼻胃管灌食，補上她因化療和放射線治療直直落的體重。

家庭之外，RCA的同事楊春英，天天從中壢騎機車到楊梅，為已經硬化的血管做指壓按摩；楊玉玫每週六、日上醫院陪伴從不缺席；筱蘭與阿斗兩夫妻，天天載著黃春窕上醫院化療，阿斗開車、筱蘭負責攙扶暈眩的她，待打完針送她回家，阿斗才上工，開始每天的計程車生意。

親情與友情是支撐，同時釀成一種存活的責任。黃春窕總形容，如果牙痛是兩分的痛，生孩子是三分的痛，鼻咽癌是所有癌症中之最，「就是到第八分痛，是很難忍受的痛，十分痛大概是剪線房被錫爐燙死哀嚎的痛。」面對治療過程的疼痛，「妳一定要保持身心的愉快，」黃春窕對著鏡子能量飽滿地說：「我比人家幸運，妳看那得到慢性病的人，是一輩子的事情，我得到癌症，是百分之五十的機率有可能治好，有可能就死掉而已……既然我得到的是癌症，這不一定是絕症，我要與癌共存，我要怎麼去調適自己……」

這種幾近別無選擇的樂觀，對應的是一種無可原諒，面對肇事者的控訴。黃春窕不只一次陳述，廠內刊物《RCA家園》曾在論及公共安全與衛生時，將三氯乙烯、四氯乙烯、三氯乙烷、甲烷等有機溶劑形容成「少酒小人蔘」，「只要用法得當即對身體無害」。當時公司口中的「少酒小人蔘」，如今成為深植體內並隨著年歲四竄的毒物。十年前站在廠區的黃春窕，回顧著那些歲月，是這麼說的：「真的錢疊到跟我一樣高，我都不會要。為什麼？我賺那一點錢，把我的一生都整個毀之一旦了，把我的家庭也毀之一旦了，全部都毀掉了。」

生命與健康，從來就不是金錢買得到的，這個道理，黃春窕拿了整個人生來懂。

其後，一九九二年，RCA關廠，黃春窕離開了十七年的工作環境。

2010年，在關懷協會大會上賣力發言號召會員的黃春窕。（工傷協會提供）

一九九八年，黃春窕確診罹患癌症，RCA受害員工正籌組自救會。一九九九年，黃春窕參與「RCA員工關懷協會」成立大會。

一場官司走了十多年，直到二〇〇九年十二月九日早晨，黃春窕才終於有機會以證人的身分，站在法庭上，對著審判長說出：「因為我的無知，我有罪。因為我是RCA工會最後一屆的理事，我沒有發現公司污染的事件，造成那麼多人的得癌症及死亡。我的無知是因為RCA沒有告訴我們哪些溶劑有污染。」

然後黃春窕開始一一唱名那些離開了RCA、也跟著提前離開人世或被病痛折磨的工作夥伴。而我們都知道，往後，這份名單還會繼續增列與惡化。

後記

文／陳韋臻

我在二〇一二年十一月十日的RCA關懷協會理監事會上，見到黃春窕，這位我即將把她過去採訪資料撰寫成文的女主角。她個子嬌小坐著輪椅，大夥兒遠遠看見便有人起身上前為她開門，有人轉過身貼近我，對我描述她曾經的火力與精力。大家挪動椅子，讓位給她的輪椅，綠色口罩占據她整張臉龐，才有人告知我那以往的美貌，我無力前趨。她請荷雲唸誦她為了這次口述史案而打字書寫的三頁A4文字，病情不只讓她無法接受訪談，連自己打的文字都不能親自口說。在場人們拭淚，一場十多年的戰役，他們眼見著戰鬥力十足的戰友，被對手植入在體內的病痛折騰，除了疼惜、憤恨之外，還有更多的感同身受。

然後，這三張A4紙交到我手上，那麼重，被我收到輕輕的藍色透明檔案夾中，擱置了好久不能看也不能動。我記得，黃春窕說：「下班時工廠內的空氣有霧濛濛的感覺。有一點臭味。」她說：「給我們薪水很好……感覺滿好的。」還有，短短的那句：「到那邊好像要倖免不簡單。」

我打開空白檔案，開始學黃春窕，一個字、一個字，把故事慢慢打出來……這是在RCA戰役中，戰到肢體破敗還不放棄，用嘴巴喝一口水都是夢想，卻只為了眼見RCA為土地污染付出應付代價而繼續活著的，黃春窕。

附錄：阿窕的親筆信

阿窕身體狀況越來越惡化，說話也越來越吃力，更沒有體力到現場參與RCA運動的抗爭，但只要有力氣，阿窕還是會在電腦前，一字字將自己想說的話打出來，讓其他會員代為表達，用盡方法讓大家聽到她的聲音。

寫給環保署土地整治的委員們

因鼻咽癌經放射與化療身體免疫系統變很差，拔隻大牙居然變口乾舌燥說話口齒不清。很奇蹟第一次上法院要用紙筆來回答居然說的話八成法官聽得懂，不需全部用紙筆來回答法官與律師的問答。雙方共派十二位律師上場，在台灣大概少有如此大的律師團對案子投入，對方律師居然問祖宗八代的事，你爸你媽是什麼人？真是廢話，我爸閩南人、我媽是客家人、先生是外省人，真想回答比他還正統的台灣人。對方是想說我說客家人比較勤儉較喜歡吃醃製食物，較容易得鼻咽癌。我家境不好從高中到專科都是半工半讀，假日又愛加班賺錢貼補家用，所以差不多都在公司吃較便宜，本身就不喜歡醃製食物。問我爸媽是如何死亡，母親跌倒送急診，醫生開完刀第三天出國由實習醫生處理，等到十天後醫生回來再開第二次刀變敗血，骨頭流失往生。若用身分證日期九十三歲往生。父親百歲人瑞，年歲已高不呼吸自然往生。

第二次出庭對我工作進行問話，提到我在《RCA家園》出現，回家去找以前主管把全套《RCA家園》雜誌找齊，現在正本大概只有國家圖書館與我有完整一套，其中〈工業安全與衛生說〉、〈談有機溶劑〉兩篇俗稱清潔劑說三氯乙烯、四濾乙烯。三氯已烷、甲烷等主要成分只要用法得當對身體是無害的別大驚小怪，那些清潔劑可用少酒小人蔘來形容，證據確鑿，可惜太慢看到也無法在此議題上與法官呈訴有力的證據。回想小姪兒上國中要做勞作，我常到木工房幫他做小書架等。當時木工房他們人數少沒飲水機，用水龍頭煮水來喝，有一年死了三名員工，害我嚇到都不敢去，原來他們是喝地下水枉死。木工房旁邊是廢料墳場油料堆放場，後側水槽區又挖洞倒廢料等，他們喝那地下水不死才怪。

關廠後六年回去看空蕩蕩的廠房，找遍一廠三廠連個蜘蛛網都沒有，更別說蟑螂螞蟻老鼠，想拍個照都找不到，可見污染有多嚴重，這多不人道害死多少員工還說少酒小人蔘真可惡。

上次拔牙變成骨髓炎，在台大開刀治療，開刀前醫生說風險性小，他已開五百多位病人，只是手術時間長約十一小時，需在小腿取一小節骨補上，再打入鋼架再植皮就可。沒預料住院三個月手術房進十次，最長一次手術十七個小時，好幾次都命危，家人好友都到醫院見我最後一面，老天認為我對RCA事件承諾沒完成，而妹夫也動用各種關係把我從死神挽救回來。更離譜的是，搭配我主治醫生的整形外科醫生，我入手術室還未曾看到他與我談手術狀況就動手術，割下腳骨入齒顎內卻失敗，再手術取出腳骨，打入的鋼架也失敗，再手術取出鋼架，為補手術傷口失敗又割，又失敗又割一共全身上下割了九塊五公分正方型大小皮膚，割到沒地方，連乳房皮也割，真不知我是如何熬過來。可知癌症對免疫系統後遺症有多大，尤其又剛好是鼻咽部位放射區，RCA你對我造成的傷害浪費國家醫療多少錢，住院期間三個月請RCA同事金剛由屏東北上到醫院做我看護，他也是癌症病人，為了生活他也拖著病來照顧我，另外我最好的RCA同事春英每兩天由中壢坐車來幫我復健，出院回來由她幫我擦藥照顧我，家裡全部開銷全部由妹夫支付，他們說只要我好好把身體養好就是幫他們。

目前的我，原本會跑會跳，因開刀移植腳骨傷到神經變垂足不會走，原本會吃稀飯的我，現在需要胃開個洞，做胃造口灌流質食物，變成中度殘障，只要活著一天想用嘴喝一口水都是夢想，現在最低體重只有三十五公斤，一層皮包著骨頭，臉一邊缺骨頭整個臉歪斜真是人不像人，害我都不好意思出門怕嚇到人，現在說話人家都聽不懂我說什麼，只好用筆寫，這樣的活著真是生不如死，不知活著還有何留戀，一般人大概都會結束生命來收場。

為何我還硬撐著，主治醫生在我回診時看到我病容跟我對不起讓我受苦，我只回答希望在我的病例不要犯同樣的錯在別的病人身上，反觀台塑在美國污染事件賠了巨額還做到零污染處理，為何RCA事件到現在還沒處理？沒看到RCA官司完美結果，我不會輕易結束生命，要死我也要比美國台塑爬煙囪還大新聞才死，這樣才對得起社會與給下一代一個警惕與交代。

寫給對造律師

（這篇是用中英文呈法院給對方律師，他們若有人性與良心大概看得懂）

人的生存三大要素：陽光、空氣、水，而在RCA工作過的我們現在還剩下什麼？

我叫黃春窕，從二十歲起便進入RCA工作，之後在RCA擔任勞工工會理事直到工廠關廠，由於知識不足而沒做好把關的工作，讓勞工喝重污染的水，吸重污染的空氣，讓勞工生命健康受到嚴重威脅，無數的家庭破碎，自己也身受其害。

我是鼻咽癌末期經放射治療與化療，治療部位剛好是吞嚥的喉嚨和頸部，整個過程真是痛不欲生，但沒打倒我，我比醫師所預期多活十五年，而當年在我身旁不斷幫我加油打氣的老同事卻一個個過世。我因鼻咽癌做放射化療免疫系統惡化，產生後遺症，二〇一二年只是拔一顆牙齒居然變成骨髓炎，而治療過程卻比一般人罹患骨髓炎困難許多，在台大醫院經牙科和整形手術十次，最長一次開刀十七小時，取小腿骨補齒顎骨失敗，神經受損變垂足不能正常行走，打鋼釘被身體排斥，手術又再度失敗，現在整張臉歪斜，身上能割的皮都割去做植皮手術，一次又一次的植皮，現在的我可稱的上是體無完膚，外加中度殘障無法吞嚥，連一口水都無法吞下，僅用胃造口來灌食，體重也降至四十公斤以下，言語溝通也有障礙，連和我的孩子都無法好好地講完完整的一段話語。

本來健康樂觀的我變成人不像人，僅僅三十五公斤的體重真像是耶穌被釘在十字架上皮包骨體型。但上帝並不讓我放棄生命，要我對RCA污染事件做出圓滿的結局，上天給我無比力量，要我勇敢活著，向「卯上台塑的女人」、向黛安威爾森女士學習，當年台塑在德州污染事件時，她勇敢爬煙囪，最後達成台灣最有名的台塑賠償巨款案，並把污染整治成零污染。還要向美國西岸單親母親艾琳女士用永不妥協的精神，對抗大企業污染事件，讓事件圓滿地以和解落幕。那麼現在，美國的企業RCA是否該對他們多年前污染台灣這片土地，造成許多員工死傷這件事情負責呢？

RCA污染事件突顯惡質的跨國企業，污染台灣土地，製造污染的水與汙染空氣，帶給RCA勞工巨大的傷害後，再用五鬼搬運法把資金撤走，請台灣最有名御用律師用拖延時間戰術，不對受害勞工的傷病和死亡做出任何賠償，長達二十年訴訟資方律師賺了大筆的律師費，工廠的土地污染只象徵性地整治廠區，而勞工的傷害卻沒合理賠償與道歉。我知道RCA弱勢的勞工用訴訟這條管道無法在台灣得到公理正義，我會帶著去長億公司找到的有利證據與廠務部高階主管提供給我的污染資料，效法耶穌的救世人精神，揹起被RCA、Thomson、GE重污染的十字架到美國喚起國際對RCA污染事件的關注，讓重視環保的美國人知道自己國家的知名企業是如此地對待其他國家，我們（RCA事件的受害者）要用生命換取不再讓全球黑心企業為了賺錢，去污染毒害弱勢勞工與土地，這樣上帝才會讓我生命畫下休止符。雖然我只有三十五公斤，步履蹣跚，言語困難，但我還是要為了台灣的RCA員工與家屬到美國奮戰到最後！

吳志剛

阿剛在組織裡絕非要角，在決策時也很少主導。但他就好像勞作時不可或缺的漿糊，能黏緊不同花色的紙，使之構成一幅完整的作品。正是阿剛，和每個人關係都一樣的好，成為關懷協會最困難時把大家再集合起來的力量之一。

1953年　　　在台南出生
1972年（19）進入RCA於三廠夜班工讀，擔任選台器維修員
1981年（28）買房子，結婚
1982年（29）調至二廠擔任測試
1988年（35）二廠半導體廠關閉，自RCA離職
1999年（46）太太檢查發現罹患子宮頸癌
2001年（47）積極參加桃園RCA關懷協會活動，參與RCA攝影小組
2008年（55）擔任RCA關懷協會理事長

採訪資料：

第一次訪談
時間：2011年9月5日
地點：工傷協會
訪員：林岳德、黃麗竹、江怡瑩

第二次訪談
時間：2012年4月10日
地點：萬華吳志剛家
訪員：顧玉玲、張榮隆、黃麗竹、江怡瑩

錄音謄稿：黃麗竹、江怡瑩
文字整理：江怡瑩

第一次看到吳志剛（阿剛），是在RCA員工關懷協會志工說明會，眾人推拱著「理事長」阿剛上台講話。阿剛好像一直都在那，人高馬大，手持一台攝影機台上台下地拍，在整個會場裡很難不被注意；但令人難以相信他是RCA員工關懷協會的「理事長」，感覺在女性占絕大多數的關懷協會裡，理事長也應該會是一位女性。他的樣子比較像協會特別請來的攝影師。上台以後，阿剛開玩笑地自稱只是來拍照的、打雜的小弟等等，很能自我解嘲，感覺很任勞任怨。

然而，切入正題後，他提出對於RCA員工關懷協會的展望，以及希望志工提供幫助的願景時，充分展現對協會組織的負責，和身為理事長的架勢，也可以從他的願景中發現樂觀積極的態度。不禁令人想起在以RCA事件為主題的紀錄片《奇蹟背後》的某一幕，阿剛一面拿著攝影機拍攝參觀RCA工廠的人們，一面熱心地解說過去工廠造成的污染。

螢幕上的他，指著如今永久污染的土地、過去是自己奮鬥多年的工廠，耐心地解說。但即使再怎樣清楚地向旁人說明，還是有太多故事、太多記憶、太多關於青春投注於RCA工廠的往事，悠悠地沉澱……

露宿街頭

北上的火車很擁擠，直到過了嘉義，車廂才漸漸空了。阿剛找到車廂連接處坐了下來，倚著車廂，伴著框啷框啷的火車聲響，搖搖晃晃地漸漸入眠。這是阿剛第一次出遠門、第一次自己到外地、第一次在異地求生存。隔天一早約莫七點，阿剛抵達了桃園火車站，捏著報紙，他循著人流走向RCA工廠。RCA大門旁有個會客室，鋪著紅地毯，有一排沙發、一個辦公桌，感覺華麗又舒適。初來乍到的阿剛，沒看過太多這樣的裝潢，愣著環顧這麼一間小小的辦公室

阿剛年輕時照片，當時劉文正是年輕人的偶像，阿剛的穿著正是模仿劉文正的招牌白圍巾。（吳志剛提供）

好一會兒，才發現有位小姐坐在櫃檯講電話。

「畫的口紅紅紅的，那個小姐化濃妝的欸！濃妝欸！搽著口紅、藍色眼影，打電話。講話，那個口氣！」阿剛回憶起自己第一次見到這樣的女孩，到現在還是覺得她好美又好跩！

他定睛看著那位小姐，恍了神，險些忘了自己是來應徵的。回過神後，阿剛沒等她講完電話，就說：「我來找朱經理。」那小姐捂著話筒要他等等。等她講完電話，她問：「哪一個朱經理，我們這裡好幾個朱經理，你找哪一個？」阿剛聽了感覺被輕視，有種階級分別。

面對神氣的女職員，隻身前來應徵的阿剛縱然年輕氣盛，還是感到惶恐。他其實不認識朱經理，於是胡亂把同學哥哥的名字報出去。他很害怕，因為除了同學，誰也不認識。不久，會客室有人推門進入。阿剛聽到一陣高亢尖銳的嗓音，才看到一位同樣打扮入時的小姐。原來，是朱經理的祕書！她沒怎麼理阿剛就直接跟櫃枱小姐聊起天來，於是阿剛又被晾在那，最後被打發到人事部。

人事部裡滿是應徵者。隨著人潮，阿剛排隊填表格。承辦人員看了看表格分配他做裝配員，命他隔天早上上班，並向他要住宿費。住宿費？阿剛一愣，報紙上寫可以退火車車票費的！那人卻回，女工才可以退交通費。那預支薪水呢？他回答，要做滿十五天以後才可以預支。

阿剛感到一陣晴天霹靂，報紙上沒寫只有女工才可以退交通費呀，他的五百塊已經快用光了，沒錢啦！他覺得男女不平等！然而他想反正他是男生所以不用擔心，於是窩進車站睡。睡得正熟時，被站務人員趕走，趕到附近的文昌公園。

有一天在工廠，阿剛看到兩個同學在辦公室與一位女職員聊天，看似很熱絡，阿剛就湊上前去跟著聊。沒想到聊著聊著，發現原來是姊姊的高中同學。她得知阿剛這幾天露宿街頭，替他找了宿舍讓阿剛住了一段時間。後來，阿剛才開始在外面租房子，接受幫助後，又是一段必須靠自己的日子。

在RCA的工作，剛開始是裝配員。「雖然說是裝配員，那只是一種統稱最基層員工的說法。」阿剛解釋道，公司依照學歷、性別分派工作，新進員工一開始多半都是裝配員。雖然名稱都是裝配員，但實際上阿剛的工作內容和多數女工做的插件、焊接，卻是大相逕庭。

由於他是男生，所以都做些較粗重的工作，諸如跑腿、包裝等等。雖然工作不必一直待在廠內，可以內外進出，行動上比線上作業的女工自由，但阿剛對工廠的第一印象和辦公室的印象，有著天壤之別。辦公室裡窗明几淨，空氣中瀰漫著濃郁的香味；而廠房卻是一片白霧，還有一種電子公司特有的、濃重刺鼻的味道。阿剛形容：「每次只要生產線一啟動，焊錫就像炒菜的鍋子，『嘩』的一聲白煙竄起，沒幾分鐘整個工廠全是白的。」

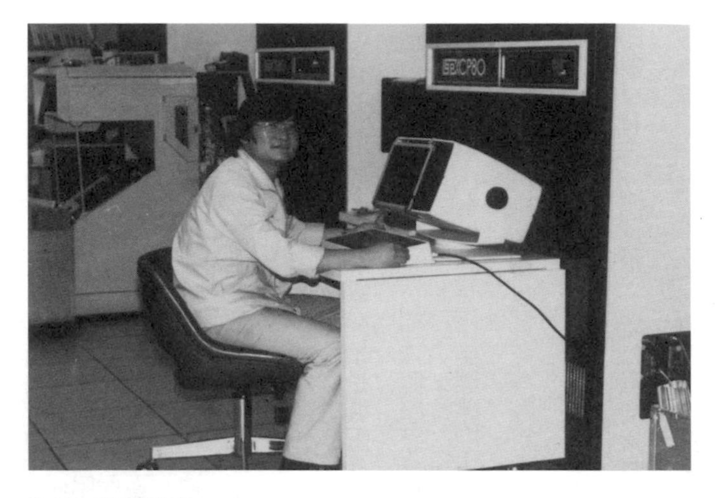

當時以電腦品管監控（吳志剛提供）

阿剛（圖左）在品管室（吳志剛提供）

這樣當裝配員的日子，並沒有持續很久，兩個多月後，阿剛就被升職為技術員。做為一個技術員，他主要的職責在故障分析，又稱作故障分析員，負責看產品哪裡出錯，諸如零件錯置、零件本損、或者插件插不好、又或者焊錫黏成一塊等等；產品在插件後經過測試，由故障分析員來檢視哪邊有問題。原則上，一條生產線有十幾個故障分析員。這個職務多半由男生擔任，女生只有少數半工半讀、唸相關科系、或是較瞭解生產線、有經驗的才會被升成故障分析員。

由於大量生產的緣故，沒法一個一個停下來慢慢修理，所以故障分析員的工作是在電視旁邊貼紙條註明故障原因，交給另外一個專門修理的小姐修理，修完再做一次檢查。這個工作做久了，阿剛累積不少經驗，看測試的波長圖形，就大概知道哪裡出錯。然而，最常見的情況是新手插錯件，一錯就是幾百台。這個時候，阿剛就開心了，修繕的工作小姐會負責，但故障分析員也要做。他就利用加班的時間做，只要拿著貼紙、寫上問題，往幾百部電視上一次貼齊，就算大功告成！

只是他在廠房工作時，總是覺得熱。在密閉式的廠房中，有多台不斷運作的機器，工作不到半天，衣服全溼答答，汗水如雨水。幾個月下來，阿剛發現臀部起了紅色疹子，覺得癢，他以為是過敏引起的，就沒理會。想不到越變越大顆，紅腫得像一顆顆紅豆，有時癢、有時痛。那些紅腫顆粒，有時發炎、有時脫皮，持續了好幾年，甚至在阿剛後來換到半導體廠工作，臀部的紅腫也沒消過。直到阿剛離開RCA，抽了空去看醫生，才得知是小腫瘤，擔心可能是惡性，要切除後檢驗切片。於是他接受治療，等待結果，所幸為良性。

在RCA累積的財富與疾病

阿剛知道RCA工廠污染事件，已經是在關廠多年之後。一九九四年的某天，阿剛看到電視新聞立法委員趙少康的爆料，心想哪有什麼污染，RCA是個福利很好的公司，抗議的人真是胡鬧！當初他只帶五百塊出門，二十八歲就可以買房子，三十歲買車子，一棟二十幾坪的房子在RCA附近、一棟五十幾坪在中壢。雖然後來在台北住的是移民美國的妹妹的房子，但阿剛所有的「美好」生活，都是自己在RCA掙來的，和太太也是在裡面認識。RCA的好，他不曾懷疑。

直到一九九九年的某一天，阿剛接到一通找他太太的電話，說子宮頸抹片有異狀。原來，事件爆發後，過去的員工組成RCA員工關懷協會，向衛生署爭取為RCA女工作健康檢查。太太被朋友拉著一起去，結果發現罹患子宮頸癌。

在此之前，ＲＣＡ自救會（即關懷協會前身）的活動，阿剛一概不參與，但後來他跟著太太參加ＲＣＡ員工關懷協會大會，看到多年不見的老同事，昔日的熟悉感頓時湧現。「做十多年了，有感情了！我好幾次做夢夢到ＲＣＡ，夢到它轉型做新產品，夢到ＲＣＡ重新開工：『啊！回來了！開工了！上班了！』」彷彿那時在大會上，只要有人吆喝一聲，生產線就又會開始啟動。

但是，聽著大家的近況，想著太太的子宮頸癌，又得知檢查報告的結果：幾百個人去體檢，結果現場隨口一問就有好多個得了癌症。阿剛越想越不對勁，後來竟然再也沒夢過ＲＣＡ。「你看！連下意識都在排斥它！」

參加大會後，ＲＣＡ的污染報導，漸漸勾起許多阿剛對「污染」的回憶。許多線上作業員談到味道很奇怪的水，他也有印象。在每間廁所的角落都有一台飲水機，但水從沒煮開。在十分鐘到十五分鐘的休息時間內，供應二十來個要喝水的人。許多人當然等不到飲水機熱過的水，只好將就著喝有味道的水，除非不守規矩而提前休息，否則喝到新鮮的水簡直全憑運氣。恰巧阿剛不愛喝水，愛喝可樂，總是喜歡趁著休息時間去員工福利社買罐裝可樂來喝，休息時間喝、午餐也喝，只在沒辦法去福利社的時候，才喝飲用水。

愛打球的阿剛，在打累了休息時，也會喝水。「那是牛飲啦！就算有蟑螂，那也沒辦法，下肚了啦！」因此，對於猛然灌下的水，他從沒注意有什麼怪味。只是每當打完球沖澡時，皮膚、頭髮總覺得乾澀，好像身體所有的水分都不見了，身上附著一層膜似的。

流產的噩夢

阿剛進關懷協會，主要是對太太的關心，心疼辛苦工作的太太生病。加上自己在RCA裡的回憶，讓阿剛積極參加協會的抗爭活動。剛好當時，他和太太經營的印刷排版工作室利潤減少，又逢客人要求加快稿件速度。阿剛不願意配合，只好另外找工作，把工作室留給太太和大女兒。

對於太太的愛護，源自阿剛進RCA後的第五年。當時他一直有個夢想，希望能夠完成學業繼續唸大學，因此在工廠上班後幾個月，就半工半讀在當時的國立藝專上課，學基本美工、電腦打字等等。大概在二十四歲左右，先天性心臟病逐漸惡化，出現心痛及心悸，只好先去看病，課業也暫時告止。心臟手術後，在留職停薪數月的第一個上班日，阿剛看到一個剛完成報到的女子，也就是他現在的太太，他心動了！「沒辦法！就被我看到啦！就追啦！」

阿剛的太太若梅（左）年輕時於廠房前的留影。（吳志剛提供）

當時太太是品管，阿剛是故障分析員，在不同部門。但因為兩人的工作都需要到處走動查看，所以說話並非難事。故障分析員在修完故障機器後要在維修票上打勾，再貼回去讓品管檢查。於是阿剛想出一個妙計！他在維修單上花了巧思：「我就在上面畫畫，就畫她阿！她看了就……首先要讓人家注意到你嘛！」

於是，兩人開始交往。一年左右，阿剛想彼此都出自眷村家庭，背景相似，個性也契合，提出訂婚，訂婚後一年結婚，婚後不久太太便懷孕了。但即使是孕婦，還是要去工廠上班，按當時規定只有臨盆才可以請產假，產後才能請假坐月子，沒有在家待產的選項。沒想到幾個月後，太太流產了。阿剛和太太當時都不以為意，他們都覺得流產是很「自然」的事，好像年輕的、剛開始懷孕的女人都比較容易流產。他回憶：「在RCA一天兩天就會聽到誰誰誰流產啊！」兩人認為反正還年輕、還有機會，於是都沒放在心上，繼續等待。後來阿剛太太再度懷孕，她還是天天去上班。直到預產期近了，某天在工廠線上作業時，她感到一陣腹痛，心裡高興快要生產了，和阿剛兩人急急忙忙請了假去醫院，卻發現是足月的死胎。

當時阿剛夫婦的難過不言而喻，積極向醫生詢問原因，只得到「可能是小孩本身有問題」之類的答案。也沒想到和RCA惡劣工作環境的傷害有關，阿剛在美國當護士的妹妹甚至告訴他，這種情況其實可以告醫生處理不好。但在當時的醫病關係中，醫生的權威比現在高很多，年輕的阿剛夫婦再難過，也只能自認倒楣。

後來，阿剛的太太又懷孕了兩次。終於順利生下小孩。

進入組織運動

自從下定決心後，阿剛開始積極參與關懷協會活動。二〇〇一年四月，沉寂二年的RCA員工關懷協會總算在工傷協會協助下，召開第二次會員大會。當天在會場上，阿剛看見一個年輕女孩，垂著二條麻花長辮、梳著齊瀏海、右手持麥克風、左手揮舞著、一會兒握拳、一會兒插腰……他心想「那是誰呀！員工的話有點太年輕，是會員家屬的話則太『囂張』。」後來才知道，她是當時前來協助的工傷協會祕書長顧玉玲，大家都叫她的小名沐子。他記憶很清楚：「那衣服一換吼，變成抗戰的時候的青丹布的話，就真的回到歷史喔！」然而，他萬萬沒想到這位宛如對日抗戰的青襟女子，日後會如何嚴格地訓練他。

會員大會當天下午，RCA員工重返桃園舊廠，一人手執一朵白花追悼數年來罹癌過世的同事。之後，官方的抗爭行動一波波展開，同時也集結關心職業病的律師、學者、醫師，及各社運團體，回到尚未完全拆除的RCA桃園廠進行調查。阿剛每次活動都盡可能參加，並留下來共同討論對策，沐子聽阿剛以前待過二廠，又是技術人員，每個部門都待過，特別邀請他在調查廠址時，負責二廠的解說。在RCA工廠做評估調查的那天，有很多記者、攝影機，阿剛很害羞，沐子直接把旗幟交給他，請他帶隊走在最前頭。他拿了，卻用旗子遮臉，他深深覺得拿旗子、帶隊調查、被攝影機拍到是很害臊的事。

過了兩、三個禮拜，有外國學者來看這塊地，還有當時預計在此地蓋購物中心的長億集團代表。參觀的人很多，阿剛帶著他們，時而走前，時而走後。有人悄悄湊到阿剛身邊要阿剛他們「不要阻擋」。那時候，長億集團若成功的話，全台灣第一個購物中心就會在桃園了。阿剛說當時他不知道他的身分，只推說：「我什麼都不是，我只是來帶路的！」所以阿剛回說他沒權力決定這個，把這塊地弄成成永久污染地的不是他。但那人還是說：「你儘管開口，不能回覆的我盡快給你口信，你要多少？拜託！」

還好阿剛心裡清楚，有些事明著暗著都不能做，拿了錢，等於污了關懷協會的名。所以，即使阿剛「什麼都不是」，他也不能拿錢，倘若因此鬧成一個醜聞，往後可以據理力爭的事都可能被抹煞。

後來，由於阿剛家住台北，很多活動他順理成章成了代表。在一次去經濟部陳情活動中，被推派跟隨工傷協會進入部內聽取官員說明，阿剛當時的身分只是關懷協會會員，並非幹部，對進會議室跟官員開會感到很新鮮。但由於是初入會，對ＲＣＡ事件沒什麼概念，聽了官員講話枯燥乏味，想說反正除了自己，還有另外九個人在聽，於是就打起瞌睡。

想不到一離開會場，沐子就讓他上記者會發表。即使已經討論好要講什麼，最後也順利講完了，但阿剛心裡還是很想丟下麥克風迅速逃跑。他覺得自己好丟臉、沐子好殘忍，他沒法這麼快反應過來。但也是在這樣嚴厲的訓練下，日後阿剛成為關懷協會裡面很重要的一個幹部。

當關懷協會要分組開始行動時，由於固定到會的會員不多，組織工作者為了讓每個人都有參與感，分配了很多工作類別給會員，希望他們常參與。像阿剛，他同時被指派到經濟組、司法組以及行動組。他覺得這些領域他完全沒接觸過，簡直莫名奇妙！正感到奇怪時，卻又被派了一個蒐集證據的工作——找ＲＣＡ自行發行的《ＲＣＡ家園》雜誌！

沒自信加上賭氣「什麼都丟給他」的情況下，阿剛退縮了。開會結束後索性擺爛不管，直到下次會期接近的時候，潛藏在心中的那股責任感才又浮了出來。「總是要有個交代嘛！」於是，他跑到桃園圖書館，沒找到。又有一次去光華商場買東西，看到旁邊有圖書館，一問之下也沒有《ＲＣＡ家園》。正當他要離開時，圖書館小姐突然叫住他，要他去國家圖書館找。

當時阿剛活了快半百，沒聽過更沒去過國家圖書館。可他彷彿有種魔法，能夠心想事成。後來他去中正紀念堂散步，走著走著竟碰巧發現國家圖書館就在對面！愛看書的阿剛一走進去，就栽在書叢裡，差點忘了自己是來查資料的。不過當他卯起勁來找，資料一筆一筆瞬間浮出。他找到學生寫的畢業論文，連忙把它印下來。資料找得差不多以後，阿剛晃啊晃地走到期刊室，隨手拿了幾本就坐了下來。才剛坐下來，阿剛就猛然想起，《RCA家園》不就是期刊嗎？也顧不得手邊連翻都沒翻的雜誌，便動身去找了。當然，最後他找到了。那是一本又一本沾滿灰塵的刊物，想必那十幾年都沒人借閱！他拍了又拍，灰塵不斷揚起……好不容易等塵埃落定，仔細一讀，「哇！好多資料喔！」他興奮地借更多本，把它們通通印下來。

這些資料成為關懷協會的有利證據，同時也是律師、媒體以及學生爭相閱讀的材料。阿剛得意地說，之後他再去國家圖書館時，原本放置《RCA家園》的櫃上貼著：「裝訂處理中，暫不外借」。沒想到，從此以後這份雜誌的借閱率變得非常高！

這個任務的完成，讓不斷自居為志工的阿剛，再多了一點點協會會員的認同感。也因為參與很多組務，使阿剛對於各組的事務一清二楚，但是阿剛還是覺得「只是志工」。直到某個機緣，他跟著台南藝術大學的老師學攝影，才使他有了一個鮮明的位置。

現為台南藝術大學的井迎瑞所長當時正在美國攻讀UCLA教育學博士，他有一套工人影像的研究計畫，這項研究需要不同背景的人參與。經過工傷協會顧問鄭村棋的介紹，井老師找上沐子，由他自費提供攝影機，交給工人拍攝，並定期看帶討論。工傷協會決定以ＲＣＡ案為主題，和關懷協會討論過後，推派阿剛和阿窕加入攝影小組。從此，阿剛一拿起攝影機就再也放不下來！他什麼都拍，從開會、家庭訪談，直到抗爭活動……在老師簡略的觀念提點後，經過幾個月的拍攝，阿剛拍出了興趣，也看到自己工人身分的特殊角度。他很有心

2002年5月關懷協會赴美尋求資源，阿剛接受美國電台採訪。（工傷協會提供）

得：「像攝影系學生來拍我們，就很講求理論、美學啊；工傷協會拍的就是打啊、衝啊，那我拍大概就是拍我們工人的感想、我們工人怎麼樣訴求啊！」在過程中，阿剛看到不同角度的攝影呈現。但更重要的是，阿剛找到一個在關懷協會的位置——攝影師。

二〇〇二年，RCA關懷協會決定去美國尋求跨國官司的可能。阿剛也一起去，順道拜訪了在加州UCLA唸書的井老師。井老師在校園內安排了一場記者會，以及RCA事件的學術座談會，播放阿剛拍的紀錄片。與會的來賓都十分驚訝台灣工人竟然會使用傳媒工具來做訴求，同時也對台灣工人受到的傷害深表遺憾！總之，這個活動非常成功。阿剛也名符其實地成為RCA關懷協會的攝影師。

等一位和事佬

RCA事件剛爆發時，全國人民、媒體關注不斷。當時，訴訟看來很有勝算，然而因為一些聯繫上的誤會，使關懷協會和外部的支援團體關係產生嫌隙，和內部會員的關係日趨疏離，終於在二〇〇五年，因為程序問題發生兩次敗訴。

眼看前景一片樂觀，眾人卻在摸不著頭緒的狀況下，接到與預期相反的消息；而敗訴的理由竟是程序上的缺陷，甚至無關乎證據的可信度，教人情何以堪。倘若訴訟是一場競賽，試過、努力過，輸了便心甘情願。但一切才正要開始，任誰都很難接受這種結果。阿剛認為，當初RCA的會員好不容易聚集起來，希望能讓受傷害的人得到幫助，怎麼能這麼輕易順了對方公司的意思。

當時所有會員都不願看關懷協會就這麼潰散，只是大家立場尷尬，都在等某個人出來凝聚RCA關懷協會，等一位和事佬。這個時候，正好只有阿剛，沒有幹部身分，跟大家關係不特別好、也不特別差，肯拉下臉跟會長、幹部們溝通，才讓組織再度重組起來。阿剛在組織裡絕非要角，在決策時也很少主導。但他就好像勞作時不可或缺的漿糊，能黏緊不同花色的紙，使之構成一幅完整的作品。正是阿剛，和每個人關係都一樣的好，成為那股把大家再集合起來的力量之一。

「重新組織」、「重新提告」，溝通好組織內部之後，這些繁雜的程序接踵而來。阿剛回想起來，那段日子是RCA關懷協會最忙最累的時候。工傷協會、法律扶助基金會、關懷協會所有會員，都要一個個地去溝通、說明、請求協助……「但是不能就這樣丟下不管啊，協會很幸運哪！很多人都出來幫忙了！用了這麼多社會資源，不能說放棄就放棄啊！」

二〇〇七年，協會請法律扶助基金會提供協助，後者成立義務律師團，重新開始這場集體訴訟。二〇〇八年，當時關懷協會理事長家中事業繁忙，不得已只好辭去職務。眼看理事長位置即將懸空，情況迫在眉睫，正巧阿剛在台南的房子改建，被迫遷戶口，於是他順理成章地遷入桃園。依據人民團體法，戶籍這項資格已經符合規定的阿剛，爽快地接下理事長一職。為了協會順利運作下去，阿剛又連任一屆理事長，協會持續至今。

現在，關懷協會在工傷協會以及法扶基金會的協助下，持續進行訴訟。雖然阿剛一路在協會裡忙，眼看延宕多時的官司可能即將有結果，他心裡應該要是歡喜的。但是阿剛卻覺得疲憊，希望無論如何盡快結束。他所謂的「結束」並不只是訴訟。

至於阿剛對RCA訴訟的其他想法？走過這些年，如今阿剛已經要六十歲了，人生到了另一個境界。該經歷的都經歷了，該有的也都有了，房子、車子、孫子樣樣齊。在職場前前後後做過六個工作，還完成年輕時自己創業的夢想，什麼都不缺！而RCA員工關懷協會和那些發生在RCA裡的故事，在二〇一一年時編入在高中、國中的教科書中，相關的研究論文裡，成為一個廣受討論的議題。雖然不能控制下一代人的思想，但阿剛說他們藉由行動，也藉由這場訴訟，留給社會大眾一個值得深思的課題。

2010年3月，關懷協會與工傷協會赴韓國參加「半導體勞動者健康與人權守護聯盟（Supporters for Health And Rights of People in Semiconductor Industry, SHARPS）」主辦的高科技工殤週，與三星電子工殤家屬分享組織運動經驗。（工傷協會提供）

後記

文／江怡瑩

我覺得能聽阿剛講故事非常幸運，他幽默風趣，和他給人的嚴肅印象相反。同時也因為做過不少工作，在RCA關懷協會曾任幹部、攝影師，參與很多關懷協會活動，因而得以窺探許多工作的樣貌以及RCA關懷協會的一些行動；也因為他的男性身分，讓我對RCA的員工有截然不同於女工的認識。

訪談的過程中，我感覺阿剛是一個喜受重視但不愛出風頭的人。所以當我把RCA關懷協會的重新凝聚歸功於阿剛時，他不斷地說他沒那麼偉大，真正在幫忙的是其他人是誰誰誰……真是個不愛居功的伯伯！我很慶幸能參與這份口述史的書寫，因為在這個過程中，我透過他的故事看到那時代的生活與無奈，也因此重新思考我的父母和阿剛這代人的異同。這都使我開始了不同的想像和理解。當然這主要感謝阿剛慷慨講述，還有督導沐子的嚴格督促、工傷工作者岳德、隆隆的耐心陪伴，以及我的好夥伴麗竹，一起去訪談並且給我鼓勵。

文／張榮隆

阿剛，對他印象最深是在二〇〇七年六月在行政院前的那場抗爭，六月的太陽下炙熱的天氣讓人受不了，阿剛一手拿著傘幫年紀較長的會員遮陽，一手拿著抗爭訴求布條的畫面。

認識阿剛也好些年，我很少看到他發脾氣，對人總是客氣禮貌，如果剛認識人或許會認為他有些寡言，但久了就了解他是滿健談的一個人。與老婆當年在RCA上班因而相識結婚，事件爆發後，老婆因曾在生產線上工作後來被診斷罹癌，RCA相關的事情都會看到他的身影，一邊上班一邊對關懷協會的付出，有時也會見他參加其它社會議題行動，如工會、工傷、環保等等。尤其對RCA造成污染和健康危害忿忿不平，後來接任關懷協會會長職務，適時地鼓勵大家要堅持下去，在他身上看到一股堅持的力量，RCA這場仗要的不僅是賠償，更是公平正義的實踐。

梁素娟

大家都習慣稱梁素娟為「娟姊」，她在關懷協會裡並不算年長，這樣的稱呼大概是由於她一頭的白髮，也許，還帶有一點含蓄的敬意。娟姊能言敢言，在抗爭現場，她時常以罹癌工人代表的身分發言，現身說法。也許是性格中的好強使然，她認為反而是政府的退縮，才造成受傷害的、生病的人必須要自己出來到街頭抗爭，才能獲得一點起碼的補償。

1952年　　　出生
1977年（25）進入RCA
1979年（27）進入飛利浦電子，離開RCA
1980年（28）再回RCA，與閻鈞結婚，懷孕流產
1981年（29）再次懷孕，離開RCA後生下小女兒
1997年（45）開刀化驗出癌症末期
2001年（49）積極參與關懷協會活動
2003年（51）病逝

採訪資料：

2002年，公視製作的紀錄片《奇蹟背後》發行，採訪梁素娟逐字稿
2001年，訪談梁素娟勞動及病況逐字稿
2012年10月，顧玉玲、張榮隆於龍潭訪談閻鈞
2012年9月、2013年1月，顧玉玲電訪梁佩瑜、梁素真
2013年2月，陳俊酉電訪梁素真、閻麗雲、黃素滿、劉荷雲
2013年2月，陳俊酉於龍潭訪談閻鈞

錄音謄稿：顧玉玲
文字整理：陳俊酉

娟姊的葬禮辦在台北殯儀館。紅色的地毯旁擺著兩列蘭花，四周掛著白色的紗幕，走到底是開展的花座，娟姊的遺像置中。相片裡她的頭額敞亮，細白的頭髮往兩側向上梳，俐落地收在耳後，戴著金屬框眼鏡的眼睛給人一種精明的印象，右半側的臉微微透著笑意。教會的教友為她唱頌詩歌，花壇的上頭寫著：蒙主寵召。娟姊自小篤信基督，病時床邊總會擺本聖經。

關懷協會的姊妹在座位上垂首，有人靜靜地拭著淚。眾人走到末闔上的棺木面前，看了娟姊最後一眼。

那天天氣挺好，是平靜的四月天。

貧困的年代

一九四九年，國民政府在大陸地區節節敗退，大批軍民先後的撤離——梁素娟的父母也在那烏壓壓的行伍裡，跟著軍隊從四川走到了上海，再從上海渡來了台灣。他們住進台灣北部一個多風的眷村。連年的戰亂，家是跟著人走的，走到哪，哪裡就是家。暫時安定，孩子們陸續一個個出生，連生了兩個男孩以後，很快地梁素娟也將要出世。

「那時候剛起步，真的是怎麼講，每一家都窮，真的每一家都很窮。」梁素娟回憶說。兩岸政治局勢未定，政府仍高喊著反攻的口號，一個缺乏在地網絡連結與政經條件的士官要落地生根談何容易；梁素娟的母親不識字，無法出外工作，生計上的重擔全落在父親身上。孩子們為減輕父親的負擔，從小就做起了家庭代工：布鞋的鞋底、做繡花、剝毛豆、剝蠶豆、聖誕節的裝飾燈泡……

梁素娟的大哥和二哥從學校畢業後，陸續進了軍校，她在高中畢業後也和交往有年的軍人男友結了婚，生下一個女兒。不過這段婚姻維持得並不長久，因為婆媳間的矛盾，幾年後兩人便離了婚，女兒跟了前夫。

梁素娟回娘家後，家裡的饅頭店被房東收回經營，家境漸漸陷入困境，她得再出外找份工作以維持家計。當時新竹的鄉下仍是農業社會，像梁素娟這樣的眷村女孩能選擇的工作並不多，除了紡織廠，大概就是電子工廠。紡織廠薪水相對優渥，但工作時需要站立走動，一站就是八個小時，還不包括時不時的加班。而美商RCA電子工廠不但有椅子坐，還設有冷氣空調系統，制度和福利也比外頭完整，自然成為女孩們的優先選擇。

RCA公司規定，新進人員若做滿三個月，介紹人可以拿到一筆獎金，眷村的女孩們相互引介，因此生產線上的女工大多是彼此認識的鄰居。「……這個錢很好賺，反正就是看哪一個在家，然後就問你說，你要不要去，RCA工作不錯，工廠不錯，錢又賺得比做燈泡廠的多，他們想一想也是，就這樣，一個拉一個通通到RCA去了。」梁素娟說。

在貧困的年代，吃飽都是件難事，素娟從小便知道不能奢求什麼，跟著家裡做點事、讓家裡少一點負擔。「認命，」她說，「嚴格講起來真的幫助滿大的，我領到第一個月的薪水那時候真的很高興，就抱著一個瓦斯爐回去給我媽媽……那時候一個瓦斯爐，真的很……就是表示生活水準滿高的，才會有瓦斯爐用。」

梁素娟年輕時照片。（梁素娟提供）

生產線上

梁素娟一開始在RCA工廠的工作是加工站的作業員，生產線上的工作內容從打釘、插件、焊錫到補焊、清洗、剪腳幾乎樣樣都接觸。她所在的廠房主要生產電視選台器，生產線的流程大致上從打釘開始：PC板先打上鉚釘，然後由女工插上零件，再順著輸送帶經松香爐上助焊的松香、經焊錫爐上銲錫……

RCA的主管人員以工作服顏色來為人力做出區別，一眼望去，便可以分辨各崗位的人力是否在他們的位置上。作業員穿的是綠色的工作服、領班穿的是黃色、藍色衣服是技術人員，品管人員的工作服則是紅色。

領班底下有幾個領班助理，穿棕色的工作服，通常由表現良好的作業員升任，輔助領班也做為儲備。為刺激生產線的生產效率，生產組長也以A、B、C三個等級為作業員評等，一段時間由領班推薦人選，除了檯面上的表揚，薪水也會些微增加。

工廠的上工時間為一節兩個小時，兩個小時一到鈴聲就會響起，為十分鐘的休息時間。女工們會到飲水機裝水、上廁所或是在座位上小睡片刻。鈴聲再響起，整個生產線又嘩啦嘩啦地動起來。中午休息時間女工們會到樓上的自助餐廳吃飯，由於只有半個小時，想要去福利社採購的女工就必須要分工合作：一些人幫忙打菜，一些人一齊買飲料零食回來。

生產線上的時間相當緊湊，雖然辛苦，但隱隱有一股奮進的氣氛瀰漫其中，工人之間有種休戚與共之感。

素娟說：「那時候的孩子都滿能吃苦的，所以RCA的工作對我們來講，真的是駕輕就熟。」她很快地適應了工廠裡機械式的勞動，雖然時常加班，但每個月三千多塊的工資是家裡重要的穩定收入，所以即使偶有不適，也不以為苦。

但她就記得廠裡飲用水十分難喝，無論是聞的或是喝的，都有股怪味道。

當時尚未設置自來水管線，工廠用水幾乎都是取自地下水。工廠飲水機的水只有稍微煮過，未經過濾；一層樓只有兩台飲水機，前幾個人裝完了，後面就得喝生水。短短十分鐘的休息時間，與其用來抱怨，大多數的女工寧可好好休息，「就是彼此接水的時候會講：唉喲，這個水好難喝喔，好臭喔，最多就是講這麼一句——因為根本沒有空嘛！接了水就跑了。」

有些機器，像是利用高頻電磁場來熔接的高周波機，周圍的溫度非常高，坐在一旁的女工們會拿個大水缸子放在座位旁，渴了盛水來喝以防脫水。素娟說：「就是因為它溫度非常高，我們坐在旁邊……就非常受不了，我們都是邊工作邊大量喝水。」可是那味道仍然明顯，別無選擇之下女工們只好自尋辦法——泡咖啡、泡茶葉把怪味給蓋過去。另一個不適的記憶就是空氣。梁素娟說廠房內的空氣有著很重的味道，嗆鼻，而且容易造成眼睛的不適。

PC板從銲錫爐出來後，若焊接得不完全就要進行補焊；銲錫的溫度高達三百五十度，女工們就手持著焊槍，逐一把缺漏的焊點補上。補焊作業的女工面前有一支抽風管，用來抽去高溫焊接燃燒出來的有毒氣體；不過那幾乎沒有效用，梁素娟回憶：「那個抽風管不是把煙抽進去，根本就抽不進去，然後煙就直接往臉上鼻子上撲過來」同時，也瀰漫著整個廠房。完成焊錫作業的產品，女工們會拿著像小牙刷般的刷子，在裝著清潔劑的槽子前把沾到的多餘松香清洗乾淨。工廠使用的清潔劑是高揮發性的有機溶劑，揮發出來的氣體有刺激性的氣味。

工作的廠房是一個密閉的空間，雖然裝置冷氣機，但裡外空氣無法流通，只是在廠房內反覆循環——瀰漫著焊錫作業產生的煙、清潔劑揮發出來的氣體、高溫加工下的聚合物的味道等等。梁素娟回憶，在廠房內很容易感到暈眩、眼睛不適、甚至頭痛，漸漸地氣管也開始出現了毛病。原本很好的記性，也因為入廠工作而明顯衰退。

由於廠房裡充斥著各類有機溶劑揮發氣體，工人們回憶誤闖進廠房的麻雀總像醉了酒一樣：反應遲鈍、跌跌撞撞。曾有人捉了一隻下來，放在裝清潔劑桶子的洞口，過不久後麻雀竟然死去。

三十歲的白髮

RCA工廠並未提供口罩，手套也是管制品，每個月只配發兩雙。手套在工作中相當容易破損，女工在清洗PC板時，往往是整隻手浸在有機溶劑裡，洗到手上都有一層白白的薄膜。梁素娟回憶，清潔劑那股嗆鼻的味道，怎麼洗都洗不掉，相當不舒服。

可是那清潔劑確實相當的好用：下了工把手泡到槽子裡搓個幾下，再頑強的髒污也乾淨了，用在工作服上，也一樣清潔溜溜，還有人會拿著小瓶子裝一點回家，用來卸指甲油。包括梁素娟在內的基層女工們幾乎後來才知道，那清潔劑很有可能就是如今被編列為第一級致癌物的三氯乙烯。而三氯乙烯目視與清水無異。梁素娟只想著賺了錢趕緊拿回家，改善家裡生活，也沒聽公司的主管說過什麼，看大家都這樣做過來，不曾懷疑真有人會放任毒害發生而不管。

梁素娟說：「休息的時候，偶爾會聽到人家講，哪一個又流產了，哪一個又怎樣了。」她當時想可能是人家身體不好，不以為意，認為是很自然的事情。到RCA半年後她自己也曾因為經常性的腹瀉到醫院檢查，她說：「也不知原因，檢查也查不出所以然。」

一九八一年初，梁素娟發現月經停了。一開始以為是懷孕，到婦產科檢查卻始終驗不出來，直到第三個月才驗出結果：小孩胎死腹中。她就在手術房裡，丈夫陪著，讓醫生一點一點把死去的胎兒刮出來……

年底，梁素娟再次停經，只剩下一點點出紅的現象，一點點血、一點點血地流。到婦產科打催經針，一次就打了七針，打得她冷汗直流、渾身不適無法工作，只好回家休息。第二個禮拜剛好也是滿三個月的時候，她再度驗出了懷孕；醫生說有點小產的現象，她聽到後相當慌張，直問該怎麼辦？醫生建議她回家休息，待小孩子著床後才能起來活動。

「莫名其妙流產，莫名其妙死胎，莫名其妙驗不出來，那醫生講是血色素太淡，為什麼會這樣子！我之前的孩子都很正常啊，到時間該是怎麼樣的狀況就是怎麼樣的狀況，為什麼這兩個孩子都是這個樣子？我們不明不白的，不曉得這個原因究竟是從哪裡來。」為了專心休養讓孩子順利出生，她離開了RCA公司。

幾個月後，梁素娟終於產下了一個女孩；生下小女兒的第二年，她開始長出了白頭髮，一撮一撮的從原本烏黑的頭髮中冒出來，一下子就白了一大撮。梁素娟生得美，對於外貌也較為留意，一下長出的白髮讓才三十歲的她有些意外，只能以染髮遮掩——直到她驗出了癌症。

當癌症進入一個家庭

和閻鈞結婚前，梁素娟的第一個女兒在離婚後跟了前夫，日後她總希望再有個女兒。閻鈞都能夠理解。他和素娟結婚，也是希望能把與前妻離婚後歸屬自己、卻因工作只能暫時安置在育幼院的兒子和女兒接回家裡有人照顧。他早年從軍，少校退伍，軍俸外再做份工作，還養得起一個五口之家。流產後素娟第二次懷孕，他祈禱老天給她一個女兒，果真如願。

他知道素娟介意，就把過去照片裡前妻的部分剪去；他也知道素娟性格好強、精神容易緊繃，生起氣來常鑽牛角尖，有時甚至無法換氣要送去醫院，他因此不太敢和她吵架。知道她有些心眼，他盡量不去碰觸，素娟孩子打得兇，同住的父親看不下去搬走了，他都能理解，他說要打我來打吧，後母難為，要當壞人讓我來當。他知道那就是素娟。當初兩人在教會裡徵婚認識，交往了幾個月，素娟趕著過年要結婚，不然她父親要她嫁別人，他也就娶了她。兒子小學畢業後去了軍校，二女兒去工廠工作後也離家了，家裡只剩下三個人，小女兒很快也要長大。

得知素娟罹患癌症時，他和素娟一樣，只能咬著牙關設法挺過命運的拖磨：找醫生、找抗癌人士、找療程偏方、買酵素維他命、買鯊魚軟骨、打難喝的牧草汁或是加了帶皮洋芋的蘋果汁，陪著她一起喝；有病治病、沒病預防，能想到的方法都試過了，卻看著素娟的身體一天天虛弱下去。

一九七七年八月，梁素娟開始感覺到左胸的疼痛，婦科醫生說沒有什麼問題，接下來幾個禮拜卻越發嚴重。之後因為工作憋尿導致泌尿道發炎，進而牽連腎臟，梁素娟才不得不掛了急診住院。檢查出左乳疑似乳癌，徹底檢查後，原來不只左右乳房，連左右淋巴腺也通通感染——她一聽簡直快要瘋了。

幾天後，進手術房開刀化驗，出來的結果是癌症末期，醫生判斷素娟的生命只剩下五年。那年梁素娟不過四十五歲。

一個化療療程要做十二次，一次是一整天，中間休息三個禮拜。注射後如果血管變硬、瘀青，就得植入人工血管。植入的手術只施用皮下麻醉，她一偏頭就看得見金屬刀器挖著自己的血肉，她說：「看得到它在那邊挖啊，只是不敢看而已，一歪頭你就看到了……痛哇，痛得我要命啊！」

藥劑打下去，身體裡好的壞的細胞一併殺光光，頭髮掉光，嘴破舌頭也破，牙齦流血，全身癱軟乏力又吐又拉。梁素娟苦笑：「延續一個禮拜，然後休息個兩個禮拜，讓你喘兩口氣。一個禮拜喘一口氣，兩個禮拜喘兩口氣。」

後來實在苦不過，她只好拜託醫生將療程縮短到十次。

中間也做放射治療，俗稱電療，一天一次，連續二十五天，做完她整個皮膚像灼傷似的，碰都不能碰，然後便是等。等到月底、等到下個月、等到哪個月確定癌細胞清除了，才暫時鬆一口氣。這樣的生活持續了一年，療程做完後，梁素娟仍然每三個月就要回醫院做一次追蹤治療，以確定癌細胞未復發擴散。

她失去了乳房，在腋窩的淋巴腫塊割除後，她得持續夾住腋下，在病床上動也不能動，怕撕裂未癒的傷口。閻鈞就整個禮拜、二十四小時在一旁陪她。她起身，閻鈞便幫她擦身、按摩，待她累了便躺下來；過一陣子閻鈞再搖搖她的床，她再起身，就這樣在昏倦中起起躺躺、起起躺躺……

回到家中，化療的苦與電療的痛，整天上吐下瀉讓梁素娟難以安眠。即使療程結束了，追蹤治療也成為三個月一循環的恐懼——生活中稍微哪裡有些疼痛，就會開始焦慮是不是癌細胞又跑過去了？是不是過去一整年來的痛苦過程，還要再重複一遍？

「娟姊」

那天，梁素娟戴著GAP的黑色鴨舌帽，白色薄外套裡頭襯著鵝黃色短袖上衣，由閻鈞陪著，出現在「RCA員工關懷協會」會員大會的會場；此時的協會失去了媒體與政治人物的關注，成立兩年來已近乎停擺，在工傷協會重新連結後，終於召開了第二次會員大會，到場的會員達四百位。大會結束後，梁素娟隨著眾人移動至已經荒廢的RCA桃園廠區。各色的抗爭旗幟布條隨風肆意地舞動，路旁散布著整治土地時挖出以曝曬的卵石堆，老員工們手持的白花一一擺在石堆上，以紀念當時已罹癌過世的RCA工人們。

那天以後，梁素娟就這樣由閻鈞接送出席關懷協會的許多抗爭與會議。她希望自己能活得長久，但眼看一同發病的人一個個走了，她也明白自己的處境，但她不甘心只是這樣憂愁下去。

大家都習慣稱梁素娟為「娟姊」，她在關懷協會裡並不算年長，這樣的稱呼大概是由於她一頭的白髮，也許，還帶有一點含蓄的敬意。娟姊能言敢言，在抗爭現場，她時常以罹癌工人代表的身分發言，現身說法。罹癌工人通常對於公開病情較為退縮，總覺得是自己做錯了什麼事情，自責自挫，在運動中並不容易被動員。娟姊並非自外於這些，不過也許是性格中的好強使然，她認為反而是政府的退縮，才造成受傷害的、生病的人必須要自己出來到街頭抗爭，才能獲得一點起碼的補償。

「我覺得讓我們這些受傷害的人、生病的人到街頭去抗爭，求政府出來幫我們的忙，真的是很無奈。」

一次記者會，一位罹癌女工受擾於頻繁的曝光，以及隨之而來的壓力，拒絕出席，把自己鎖在家中對著來人咆哮。娟姊見狀就要進去勸她，協會的幹部荷雲顧慮娟姊的身體狀況，便陪她一同前往。由於當事的女工不肯

2001年4月29日，關懷協會於省立桃園醫院召開會員大會，共有來自全台灣452人出席，娟姊當時也是第一次參加關懷協會的大會。

開門，她們等到她的兒子回家才得以入內。見她又開始在房間裡對外咆哮，娟姊打量了狀況後，輕輕地對著房門說：「大姊，我只是來跟妳借個廁所，馬上就走。」然後果真上完廁所就靜靜地離開。

娟姊在運動中一直不是個強勢的角色，在抗癌中感受到的苦痛，讓她對於「現身」有著更深切的感觸，以及更多的同理，她說：「我真的很不希望我們這些同事再上街頭再去抗爭，因為我們連走路的力氣都沒有，哪還有力氣再去抗爭……」

娟姊自己在公開場合或面對鏡頭時，也總是戴著帽子或口罩，她說一方面是因為自己氣管不好，一方面是她不想找來無謂的麻煩。而她顧慮更多的，可能還是朋友們的擔心，她說：「不希望我一些朋友認出來是我，如果說她們知道我生病，而且那麼嚴重……我不想欠太多的人情。」

失去乳房的女人

在舊的勞保殘廢給付中，依肢體、器官將人體切割成十五個等級，其中女性的子宮和卵巢只被視為生育機器，「未滿四十五歲，原有生殖能力，因傷病割除兩側卵巢或子宮，致不能生育者」才具請領資格。於是女工繳交了多年的保費，只要超過了四十五歲卵巢和子宮就失去保障；RCA關懷協會裡許多割除了乳房、子宮或卵巢的罹癌女工，都因此面臨到無法補助的境況。

於是，為拓展抗爭的格局，也為解決實際的需求，協會針對勞保的殘廢給付前往勞委會抗爭。

協同多年的工傷協會切切提醒：這是一場為未來女人打的仗，即使成功促成了修法也很可能不溯及既往，協會大多數的人無法因此受惠。當天女工們還是戴著口罩出席了。

女工們在前一天夜半掙扎後仍決定戴上口罩。比起罹癌，身為一個「不完整的女人」對她們來說，是更難以接受的事。當時她們未有充足的心理準備去面對社會的眼光，臨時戴上的口罩是種妥協，可是她們還畫了一個問號在口罩上——質問法律對女性性徵的歧視，也是質問失去乳房、子宮的女人所受的污名。

當天，一部分的人進入勞委會與官員協商，一部分的人在勞委會外頭繼續宣導與抗議。會議進行中輪到娟姊發言，她請出了在場所有的男性，在眾女性官員的面前解下丈夫陪著她量造的義乳，展露她切去乳房後胸口的傷疤——

「一個女人，感到最自滿的就是她的胸部，現在它居然全部都切除……你們看我這個樣子，還像女人嗎？……誰說我們的胸部不重要，誰說我們的子宮不重要，女人的特點是什麼？就是胸部、子宮！」「如果說，今天我們是你們的姊妹，是你們的母親，或者是你們的女兒……」

幾天後勞委會發函解釋，確定將女性乳房切除納入勞保殘廢給付，即日生效。這是RCA關懷協會抗爭以來少數顯著的成果，也是娟姊以她罹癌的身體朝向那遲遲未來的正義，最後奮力的一搏。

我曾經是這麼漂亮

娟姊累了。

為求安靜的養病，她搬回了新竹的鄉間，不再出席協會的任何活動。癌症復發，娟姊住回了仁愛醫院，她對希望來探望的朋友說：現在我很醜，別來看我。左手水腫，皮膚上也長水泡，連上藥都無法，只得換人工皮膚。她躺在床上，連起身都渾身疼痛。

荷雲去探望娟姊，看到護士在幫她千瘡百孔的身體換藥以預防感染時，她竟能疲倦得打盹。閻鈞衣不解帶地在一旁照護她，娟姊留來客多陪他說說話。

那天深夜，閻鈞正好回家一趟盥洗，處理幾件擱置未辦的事情，由娟姊的母親在一旁陪著。回到桃園沒多久，他就接到了病危通知，他旋即趕回醫院，只見娟姊靜靜地躺在病床上，醫生和護士都在，氣氛有些肅穆。閻鈞走到病床旁邊，娟姊的體溫尚存，可是沒有了氣息——他終於伸出手把她的眼睛給闔上。

直到六年後，「RCA工殤案」的第一位證人出庭作證，案情才正式進入了實質的審理。這些傷痛終於能夠跨越層層的代理人與繁瑣的司法程序，直接在法律前現身。

「這就是我們為國家付出，得到的下場，我們的政府給我們什麼？我們為國家賺進了大筆的外匯，我們改善了生活，改善了經濟繁榮，可是到頭來我們得到什麼？得到一身的病，得到一個破碎的家庭……」梁素娟說。

梁素娟的高中時期，曾經參加過學校的樂隊；畢業後有一段時間，她會到台北的一家育幼院裡，教幼小的孩子們彈琴。那時她一頭烏黑的長髮，兩頰豐潤，笑起來青澀又漂亮，內雙眼皮的眼睛十分的美麗——「你看，我曾經是這麼漂亮。」

而照片裡年輕的梁素娟的眼睛，正遠遠地看向未來。

後記

文／陳俊酉

老爸很年輕的時候便隻身離家上了台北，乘著「經濟起飛」的順風發了跡，在家族中還算是個「衣錦還鄉」的典型；聽聞ＲＣＡ的事情讓他憶起了過往在美國通用電子工廠工作的記憶。

偌大的廠房動輒上千上萬的人口，那麼多人的生命在其中流動、產生關係；其實只要悉心追索，往往我們都被編織其中，只是渾然不覺。歷數我們耳熟能詳的眾多白手起家的故事，經營者的困頓與勞苦只是未來成功的鋪陳，又或者，是來日再戰的鬥志；可是在許多我們不一定熟悉的版本裡，那些苦難幾乎成為主角一生的註腳，也不一定每一個人，都具備有「捲土重來」的幸運與條件。而後者與我們之間的距離，其實比我們想像中的更近。

娟姊只比我老爸長個十來歲，回溯她的故事就像拾起一塊歷史的切片——那未被展覽在博物館中的一整片寂靜的地層。從戰後的貧困年代，一大群像她這樣的勞動者，「白手起家」地用她們的青春與對未來的想望擲注，拚造了我們眼中的「奇蹟」。

緣此，我們至少不該別過頭去。

羅雅瑩

她長長的頭髮披肩，大而圓的眼睛藏在鏡片後，韻味依舊，還有飽受病痛折磨的消瘦。現在還有力氣騎車，已經是好事，想當初在癌症治療期間，一回的頭暈目眩，羅雅瑩連起身都不行。回診的路明明過了地下道後轉個彎的短短路程，羅雅瑩只能等身體狀況好些，再使盡力氣叫計程車直接往醫院報到。這恐怕是一九七〇年代在 RCA 工作的羅雅瑩，想也想不到的未來。

1958年　出生於苗栗崁頂寮
1974年（16）　進入RCA一廠
1978年（20）　桃園成功工商建教合作班商科畢業
1979年（21）　升為RCA品管領班
1981年（23）　離開RCA
1985年（27）　流產
1986年（28）　產下女兒
1990年（32）　乳癌發病

採訪資料：

時間：2012年3月17日
地點：桃園市
訪員：陳韋臻

文字整理：陳韋臻

整了整衣服，羅雅瑩走出家中大門，這次RCA關懷協會理監事會議地點在桃園縣政府附近，她得騎機車從中壢平鎮趕過去。昨晚一如以往惡劣的睡眠品質，讓早晨起床的她照例吞了顆止痛藥，遏止每日撕裂腦袋般的頭疼，才能踏出家門辦點事。發病後，體力與健康每況愈下，連頭疼、失眠都找上門，儘管極度不願意依賴藥物，更抗拒再次走進消毒水氣味衝鼻的醫院，羅雅瑩還是在七月踏入壢新醫院，請醫生開慢性處方籤，用藥物換得真正休息的一小段時間。

身後的房子，是從二〇〇〇年開始，每個月以五千元向平鎮仁愛之家育幼院承租的。二十坪的空間，兩房一廳，只租不賣的公益用地。本來女兒還一起住，現在都嫁人做媽了，只剩她一個人留守。年輕時攢著、存著打算替自己買下後半輩子住房的錢，生病後也不敢想，擔心無法正常上班，背不起房屋貸款，只得把準備的頭期款，省下來當作周轉金，預防可能突然復發的癌症治療。

該說是逃避吧，要不是頭痛從一個禮拜兩、三天，到了這陣子惡化成一周三、四天，羅雅瑩也不會回去門診。本來醫生規定半年到一年回診的期限，從上次參加RCA員工關懷協會在萬芳醫院的健康檢查後，已經兩年過去，羅雅瑩偷偷想：「沒事情就好，沒事情就好。」頭痛吃普拿疼、感冒掛耳鼻喉科，對醫院的忌諱，讓羅雅瑩不敢踏入醫院，連「重大傷病卡」去年過期都忘了，結果今年七月只好麻煩醫生開證明、重新登記，拿了調整睡眠的處方籤，一併做了超音波、抽血檢查，接著在上周參加社區的抹片檢查和乳房攝影。

小小的摩托車，羅雅瑩小小的身軀騎著到桃園開會，會後緊接著進行RCA員工口述史訪談。她長長的頭髮披肩，大而圓的眼睛藏在鏡片後，韻味依舊，還有飽受病痛折磨的消瘦。現在還有力氣騎車，已經是好事，想當初在癌症治療期間，一回的頭暈目眩，羅雅瑩連起身都不行。回診的路明明過了地下道後轉個彎的短短路程，羅雅瑩只能等身體狀況好些，再使盡力氣叫計程車直接往醫院報到。

這恐怕是一九七〇年代在RCA工作的羅雅瑩，想也想不到的未來。

青春RCA

國中畢業前，羅雅瑩是山裡的孩子。身為礦工的父親，與當時典型家庭代工婦女的母親，在苗栗崁頂寮成了家，一九五八年，迎接的第一個孩子，就是羅雅瑩。

回憶起孩童時的家庭經驗，印象最深的，不外乎是父親因工作而缺席不在家與母親勤忙於家務。擔任礦工的父親，離家獨自在南庄深山內工作，不同於今天「礦工生活體驗」的休閒礦場，在那個通勤不方便的時代，羅雅瑩總是半個月見不著父親一面。母親終日勞動，或者在家裡做手工代工，或者上工廠做加工。反正作為長女的羅雅瑩，除了自力更生之外，還得負責帶下面陸續出生的孩子，兩妹、兩弟，最小的與羅雅瑩正差了十歲。一家七口，五兄弟姊妹，羅雅瑩的家事照料始終不會少。

直到國中畢業，家中經濟狀況不允許羅雅瑩進入普通高中，隨著當時興盛的建教合作，學費的優惠加上分期付款的模式，羅雅瑩選擇了桃園成功工商建教合作班商科。十五歲的羅雅瑩，開始了一腳踩進勞動生產，一腳留在校園內的生活。同班的四十幾名同學，三分之二在RCA工作，羅雅瑩也在經過竹南紡織廠和高雄左營華泰電子的短暫工作後，輾轉進入了RCA工廠擔任作業員。

一九七四年二月底，羅雅瑩前往RCA應徵作業員，踏入生產流動線的三廠。彼時，羅雅瑩才離開左營華泰電子IC晶片驗片工作不到一個月，突然踏入RCA三廠，被髒亂環境與惡劣的空氣品質嚇到，因焊錫而來的煙霧滯留在廠內揮之不去，羅雅瑩索性不去上班，沒有辭職也沒領工資，過了幾天又走到人事部重新報名，選擇「冷氣很強，還要穿外套」的二廠。這時的羅雅瑩才十六歲，對身處鄉下的父母而言，與其像之前在左營工作，冒著被軍人騙走的危險，在RCA工作顯得相對安全又有保障，再加上有吃有住，父母便也放下心來。

一個禮拜六天，每天八小時的工作時間，除了吃飯半小時、中間休息十五分鐘，以此持續七年半，偶爾搭公路局客運回苗栗老家，或者放假外出郊遊、爬山，其它時間都在工作。雖然辛苦，但羅雅瑩不以為意，工作上的壓力，怎麼也比不上廣交朋友、經濟獨立，又可以拿錢回家貼補家用的喜悅感。生活中，羅雅瑩總是能省則省，一開始每個月一千二的底薪，加上伙食費與全勤獎，林林總總加起來多半三、四千元跑不掉，但除了學費和身邊留些吃飯錢，其餘的羅雅瑩幾乎都拿回家交給媽媽，絲毫不過問。

RCA公司常與其他公司或學校辦聯誼，阿姆坪是當時熱門去處之一。後排中為羅雅瑩。（羅雅瑩提供）

七年半的時間，羅雅瑩從最開始IC晶片清洗部的清洗人員職位，待了兩年半後轉調驗片，隨後升職到品管兩年多，最後離職時，已升為領班兩年，屈指一算，羅雅瑩在RCA平均每兩年就升等一次。對於二十三歲的羅雅瑩來說，七年幾乎等同生命的近三分之一長。這之中的日子，除了RCA，可謂別無其他，工作、生活、吃飯、睡覺，甚至第一場愛情，都在這裡發生；往後的日子，她花了兩倍以上的時間，在抵抗離開RCA許久後遺落在她身體深處併發出來的惡細胞。

危機四伏的工作現場

不同於RCA一廠與三廠生產流動線的混雜，二廠規畫是依區域分站，整體環境較為整潔乾淨，羅雅瑩第一個落腳的點就是二十一站，裡面有清洗、產品檢查、驗片等部門，羅雅瑩是四名清洗人員的其中之一。同廠內，還有負責焊接打線的二十二站，打腳、銲錫的二十三站，測試部的二十四站，以及最後負責蓋印、整理與包裝的二十五站。

擔任清洗人員時，羅雅瑩的工作範圍，是負責較小的晶片清洗機台。四十五公分左右的機台長度，羅雅瑩每天的工作就是負責將產品從右邊放入機台，等機台自動輸送清洗後，再從左手邊把沾留著清潔劑的晶片一片接一片收好，以便接著下一個晶片焊接打腳的程序。

機台使用的清潔劑，是羅雅瑩鎮日呼吸、觸摸的對象，揮發性很強，每個人管它叫「酒精清潔劑」。羅雅瑩面對著這台小型的清洗機台，儘管內部構造設有吸氣罩，但左右兩側的開口，總會溢出某種氣味，讓她腦袋昏重。戴著避免手汗弄髒產品的棉質細薄手套，羅雅瑩每天右進左出，除了「酒精」瓶用完了得要替換之外，同樣的動作重複再重複。清潔劑的殘留，手套總是濕了整個小夜班，下工後雙手一見光，總乾乾的宛若脫皮，白白粗粗的觸感令她印象深刻。清潔劑的效力之強，部分同部門的同事們，都用來當作卸指甲油的去光水用。

加上羅雅瑩，同屬清潔部的同事共四個人，除了羅雅瑩面前的這款自動清洗機台一共三部之外，還有另一台較大型的清洗台，是手動噴槍操作，專門拿來處理一種名為「dimos」的晶片。如果有同事請假或無法分身，羅雅瑩就得去支援這台噴槍清洗台，雙手一伸，進入比自己清洗台還大的洞口，拿起噴槍就往dimos沖，槍管衝出的力道總是很強，「酒精」的味道直衝口鼻。羅雅瑩知道公司雖然有口罩，卻不主動提供，即便偶爾主動去拿來戴著擋擋氣味，但那像敷蓋傷口的紗布口罩，怎麼也敵不過「酒精」的威力，腦袋的沉重感也總在此時跟著加劇。好不容易，與「酒精」為伍的日子過了兩年半後，因著產品量慢慢縮減，羅雅瑩被轉為驗片人員，開始度過端坐著顯微鏡管窺的工作。

這段時間，羅雅瑩同時是個學生，比起在家中包攬家務兼帶小孩，在RCA上班、讀書、上班、讀書，這樣的生活對出生山城的羅雅瑩來說，其實相對開心而單純。平日早晨六點多，羅雅瑩奔趕校車開始一天的忙碌，在RCA宿舍附近自助餐店，用塑膠袋包一碗飯菜，帶著到學校去；最後一堂課，學校替建教班安排體育或課外活動等無關緊要的課程名目，羅雅瑩和同學就揹著書包直接趕校車回公司。工作服一換，三點半的小夜班時間從打卡開始，直到半夜十二點，打了卡後再衝回F棟宿舍搶浴室，回到八人一間的上下鋪宿舍休息。

同房的室友是透過舍監安排的，無論一、二、三廠，都混雜在同一間，泰半都是小夜班上工的同事，避免彼此作息互相打擾，但就是少見高階辦公室職員。由於生活環境的限制，除了同事，羅雅瑩的好友就是室友了，她們有時坐在床鋪上聊天，偶爾一同在休假時郊遊，一旦遇上考試，就在凌晨一點半熄燈後，窩在氣窗旁，就著走廊的殘燈看書。

高中畢業後，羅雅瑩選擇繼續待在RCA工作，也差不多是在這個轉折點，公司將她升職為二十一站的品管，雖然同樣負責看顯微鏡，但相較之下略為輕鬆，只要每個批號按照比例負責抽檢。公司的產量逐年持續縮減，羅雅瑩因此被調往十四站測試部的品管，負責檢測產品的直流電、交流電是否運作正常。再過兩年，羅雅瑩又從品管調升為二十五站的領班，由她負責帶領的共有十多人，著手產品生產最後的步驟。工作台上的固定配備，有裝著清潔劑

羅雅瑩於RCA廠區內留影。（羅雅瑩提供）

的燒杯，以及沾取清潔劑用來擦拭蓋印失敗的大棉花棒，身上扛著領班每日必須達成的配額，羅雅瑩總是在同仁偷懶或出錯時，接手過來自己擦拭瑕疵品。沒有人知道清潔劑到底是什麼，甚至連身為領班的羅雅瑩也沒見過原裝容器，取來的清潔劑總是已經先被分裝好。羅雅瑩只記得，每回產品送進烤箱，將蓋印的膠烤乾時，總會聞到揮發氣體的味道，隨著熱氣暈散在空氣中。

直到擔任領班的末期，羅雅瑩開始大量加班，假日若沒有活動安排就繼續上工，或者在十二點下班後，羅雅瑩也會加班到三、四點，甚至直接在工作中迎接清晨，薪水連著加給、加班費算起來，一萬多的月收入，幾乎比一九八一年一位新進教師的薪水來得高。

這段時間，有另一位品管領班，因為工作空檔多，每天沒事就泡茶來喝，日復一日連著工作不知喝下多少茶水，從羅雅瑩還是品管時，一直喝到羅雅瑩兩年後升職為二十五站領班後，仍舊沒改過這個習慣。直到多年後，羅雅瑩聽聞這位領班乳癌過世，回想起來，泰半是每天泡茶泡得勤，喝下了不知多少有機溶劑污染用水的原因。

其實不只這位已經過世的領班，當時在RCA工作的第一線員工，生活用水的來源，都與這位領班拿來泡茶的水源相同，只不過當時沒有人知道，這些地下水混合了公司隨意傾倒的有機溶劑廢料。才二十歲左右的羅雅瑩，什麼都不懂，只發現無論是廁所沖水或者洗手台，乃至於刷牙、洗臉、洗澡，水龍頭流出來的水總是帶有濃厚的土臭味，看上去還帶著幾分黃色，聞起來就像是炙暑午後大雨在空氣中揚起的灰塵氣味，混雜著其他無法分辨的味道。生活用水還可以忍受，直接拿來飲用就有些困難了，與其他人一樣，羅雅瑩總不敢直接喝飲水機裡的水，無論是每天早晨的簡便奶粉沖泡囫圇吞下肚，或者上課、熬夜時陪伴的濃茶，反正每天都要喝水，就是每天泡。泡了七年，羅雅瑩終於離開了ＲＣＡ。

成家與罹癌

一九八一年八月三日，這個夏季多雨多難，莫瑞颱風前腳才剛離開，一個月後的艾妮絲颱風正等著來。但羅雅瑩無所畏懼，她帶著對其他工作的憧憬，以及一份對愛情的嚮往，在這天踏出了ＲＣＡ的大門。獅子座的羅雅瑩，身上散發出一種強悍又溫柔的特殊個性，加上外貌出眾，衣著又分外講究整潔，沒燙整的衣服堅持不穿外出，追求者始終不斷，除了ＲＣＡ的同事，外界的追求也熱烈地多，但羅雅瑩從未動心。離職後，羅雅瑩將未來寄託給一段感情，懷了孕，隨之訂婚，而後在苗栗老家待產。

懷孕初期，羅雅瑩每日害喜，嘔吐個不停，好不容易一段時間後，身體適應了一個新生命，逐漸穩定下來，不再鎮日找麻煩，羅雅瑩也終於能夠好好進食。原本以為胎兒終於願意乖乖待下，未料四個半月時，某日羊水突然破了，羅雅瑩的下體流出了紅色的體液，手忙腳亂地住院安胎，羅雅瑩一人待在醫院中，一個禮拜過去，母親突然出現在病房，羅雅瑩趕著母親回家，嚷著沒事沒事，母親只說了：「沒關係啦！今晚陪妳。」當晚十一點多，羅雅瑩的肚子就痛了起來，醫生動手術自然引產，羅雅瑩躺在手術台上，低頭看見紫色的胎兒，小手小腳還稍微會動，羅雅瑩心一疼，連男孩女孩都不敢問，反正小孩也沒了，乾脆都不要知道也罷。經過了小產的折騰，羅雅瑩難過了好一段時間，原本要結的婚也擱著，直到過年期間，羅雅瑩與未婚夫出遊散心。旅程過後，羅雅瑩發現自己二度懷孕，但緊接而來的卻是婚姻未果。

「既然有了小孩，就得要生下來，把她帶大。」羅雅瑩自己對自己這麼說。一九八六年，羅雅瑩生下了女兒，從此開始單親媽媽的人生，一人工作，養活母女兩人。

羅雅瑩的女兒四歲時，某日，她在右邊胸部摸到了一個腫塊，為了以防萬一，她進了醫院開刀將腫塊取出，化驗後確定為良性的纖維囊腫。緊接著，羅雅瑩發現左胸也有增厚的情形，但因為右胸腫塊檢驗報告為良性，羅雅瑩始終不以為意，持續著飯店的櫃檯工作，直到四年過去，左邊胸部的腫塊每天加大，最後像鴿子蛋一般，每次穿上內衣就卡著不舒服，加上偶爾的抽痛讓人難以忽視，羅雅瑩只好趁著國小低年級的小孩放假，趕著回到醫院找之前的醫生檢查。

一九九五年七月六日，羅雅瑩在壢新醫院，局部麻醉動了手術，原本推測百分之八十良性機率的醫生，問了羅雅瑩一句：「如果到時候切片出來怎麼樣，妳會配合治療嗎？」七月九日，檢驗報告出爐，癌症已擴散。接著局部切除，淋巴拿掉，化療與電療同步展開，羅雅瑩開始了另一場災難。

每隔一周的化療，羅雅瑩邊走邊吐著上醫院，暈眩無力的副作用，總是將她釘死在床上，後期電療則前前後後加起來一共三十二次，正常的電療就高達二十八次，再加上四次的強化電療，加強殺死深層的癌細胞。而原先六個月的療程，也因為羅雅瑩身體抵抗力的不足，時間整整延長至八個月之久。

這時，女兒的日常照料與羅雅瑩的三餐，只能仰賴保母料理，女兒這時不過小二升小三的年紀，只知道媽媽生了病，三十七歲的羅雅瑩，向上蒼祈禱：「最起碼給我多個十年，讓我陪著小孩到長大。」對喪失的恐懼，讓羅雅瑩每天早上撐著起床為女兒準備早餐，泡牛奶、泡麥片，有時再配上荷包蛋，羅雅瑩轉開爐火，將油倒入鍋中。每回動作至此，羅雅瑩總虛弱無力，坐下來稍微休息，等鍋熱了，起身打蛋，再繼續坐著休息，蛋熟了起身翻面，最後再盛盤給女兒吃。意志力與苦痛打架，羅雅瑩滿腦子只想趕快做完治療，趕快回到工作崗位，有收入支撐單親的家庭。

除了醫院的療程，渴望人生再「多個十年」的羅雅瑩，也開始接觸不同的養生食品，不便宜的靈芝水，羅雅瑩每隔一天熬煮六小時，每日至少一罐家庭號牛奶瓶裝的靈芝水灌進肚子裡，持續五年之久。還有中藥祕方搭配綠豆水，羅雅瑩細細數著：「一斤綠豆泡七碗水，先把水煮開、綠豆洗淨，浸泡在熱水中悶六到七分鐘，再把水倒出。」一斤一斤泡，一天至少兩斤，羅雅瑩整整三個月泡了兩百多斤的綠豆，成堆的綠豆羅雅瑩送人也尷尬，有些直接倒掉，有些則索性在羅雅瑩家裡發了芽。在這場生命的馬拉松裡，綠豆芽成了日後羅雅瑩回溯起來，唯一能引人發笑的場面。

即便透過婚姻組成家庭生活彼此照顧的夢想失效，但原生家庭的羈絆，在羅雅瑩生病之時不離不棄。每回的病痛開刀，母親總是固定陪伴與照顧已經近四十歲的羅雅瑩，或者是燉雞，買個五、六千塊的悶燒鍋，特地為羅雅瑩燉雞補充營養。對母親的愧疚感總是伴隨著羅雅瑩病痛上的折磨。親人們在金錢上總能幫就幫，兄弟姊妹也分別提供了援助，或帶著苗栗老家自己種的蔬菜來探望。老家成了羅雅瑩精神與生活上的支援與支撐。

另一方面，對女兒的愧疚也不曾少過。總是想親手照顧女兒生活起居，多一些也好，但身體的不堪負荷，讓羅雅瑩總認為自己對女兒付出不夠，學習上的陪伴與支持也不足。「我已經五十幾歲了，還有媽媽疼，還有媽媽愛，我女兒國小開始媽媽身體就不健康，後來也無法好好照顧她。」這麼陳述著的羅雅瑩，帶著對愛與付出的比例的無力轉圜，她最後語氣愧對又愛憐地說：「我比我女兒幸福太多了。」

人生這段因著RCA工作經歷而罹癌生病的時期，羅雅瑩對一九九四年立法委員趙少康爆出RCA土地及地下水污染的事件絲毫未聞。一九九二年十月關廠的RCA，在羅雅瑩的生活中早已退位，如同消失在台灣

羅雅瑩與其母親和孫女在家中的菜園合影。（張榮隆攝）

經濟發展之中，渾然不知那些遺留在土地之中的有機溶劑，也同樣留在她的身體深處。直到一九九六年，聽到朋友的轉述，剛開完刀、結束治療的羅雅瑩才驚覺，沒有家庭病史的她，健康情形驟然惡化，可能的原因竟是當時讓她「開心上工」的RCA，猛然回憶，羅雅瑩記起她還在清洗部時，二十二站打線的同學曾經聽到領班脫口而出：「欸欸欸，妳同學那個工作，很毒耶！」

羅雅瑩繳了五百元參加RCA員工關懷協會，心裡只想著：「公司怎麼這麼壞？明知道是對身體有害的，怎麼都沒有跟我們講？我們一點概念都沒有！」但同時，羅雅瑩也開始感受到每個人身上不同的壓力，同樣是RCA污染受害者，有些同學或者因為顧慮顏面，或者為了家庭因素不許可，無法站出來一同對抗，不只二廠的同事相對現身地少，甚至羅雅瑩自己認識的一位同班同學，在RCA一直待到關廠，最後得到子宮癌，即使聯絡上，卻也不願意曝光。羅雅瑩因此開始一場一場的抗議行動，協會內的工作，凡是她所能負擔的，就攬在身上完成。

參加協會的時間才一年過去，羅雅瑩又在身體內發現了膽結石，以及耳後的腫瘤，已經自認身體有缺陷的羅雅瑩，重新回到門診，渾身發顫無法自己，雙手冰冷地待在候診室，彷彿等待醫生宣判死刑，最後無法判斷組織的良惡，只能動手術。羅雅瑩惶恐不安，再加上醫生表示手術後可能顏面神經失調，羅雅瑩想，自己吃了五年抗癌的藥，每個月回去門診，醫生說要開刀卻有後遺症，心一橫想乾脆死一死不想活了。離開了長庚醫院，羅雅瑩索性不再回頭。

直到二〇〇〇年，羅雅瑩先是開了膽結石的手術，一併去除膽囊與結石，耳後的腫瘤開始跟著抽痛，心理壓力迫然，羅雅瑩聽從了主治醫生的話，搭著車去尋找他介紹的醫生，這位醫生立下判斷「腮腺腫瘤」，並解釋後遺症不嚴重，即刻安撫了羅雅瑩懸宕不安三年的心，終於進了手術房，檢查結果傳來喜訊。但羅雅瑩

楊春英（左）是雅瑩投入關懷協會工作期間的革命夥伴。（劉念雲攝）

累積了之前的病痛、治療，以及這回一年連續兩次的手術，整個身體終於不支，無法再負擔外出工作的體力耗損，全面停止工作，開始依靠保險的到期金、親友的資助，加上低廉的租屋，以此過活。

直到今天，女兒已經嫁人，RCA的官司還沒打完，而關懷協會的夥伴們持續凋零。每回提起RCA，羅雅瑩嬌小的身軀裡硬挺著對公義和環境的強悍在乎，聊著與其他會員共同挺過協會運動的低迷時期，當時日以繼夜地聯絡、抄寫會員資料，而今說來都是血汗相融的革命情誼，但那不知將在何處落點的官司結果，並行著所有的憤怒與不甘，用以平衡的只能是從宗教上獲取的知足感和開闊的胸襟。羅雅瑩在訪談最末，臉龐映照著桃園黃昏的光線，這麼說：

在這個打拚中，雖然很辛苦，可是在這一群老女人的相處中，在戰友的凝結力跟打拚中，有幾位很知心的好朋友，這是很安慰的。另外比較安慰的，也是讓我們能繼續下去的，是以前我們很單純，什麼都不知道，我們這樣走出來，讓資訊這樣散發出去，就可以讓一些年輕或對污染比較沒概念的，瞭解這個資訊，知道有些東西會傷害身體、傷害環境……妳說，RCA對我有影響嗎？我說，造成很大的影響，還有煎熬，那種心情很矛盾，妳們很幸福，感覺不出來，起碼妳們青春有活力，我好羨慕。所以我覺得，年輕真好，身體健康好棒。真好。

後記

文／陳韋臻

這次近六小時的訪談中，羅雅瑩對著我，花了近三分之一的時間描述RCA的工作狀態，近三分之一的時間細數罹癌後的抗癌生涯。過程中幾次掉淚，我拍她背、攬她肩，不是安撫什麼，而是彷彿因此靠近了自己母親那代女性的生命，那種以往稀薄的存在，只是對她說：我聽見了。

聽見了她自稱一個「身體有瑕疵的人」，聽見她表示每回身體的小毛病都是種噩耗，更聽見了她因著這不知該稱為時代宿命還是共業的犧牲者身分，如此憂慮恐懼可能將這污染來的「病史」傳到下一輩，甚至是孫女身上。但她最末卻對我說，她已經很幸福。相較於她的女兒，「我已經五十幾歲了，還有媽媽疼，還有媽媽愛，我女兒國小開始媽媽身體就不健康，後來也無法好好照顧她。我比我女兒幸福太多了。」

訪談後，揪著我無法鬆開的，是她那從此不再將自己委託給愛情的堅持、是她那段：「我知道本身身體狀況不是那麼好，所以我不要造成別人的負擔……自己不是這麼好，何苦要去造成別人的困擾與壓力？」這句話背後控訴的，是當我們以為ＲＣＡ只是環境、土地、地下水污染，影響到附近住戶以及員工生存權和健康權時，其實從來就不只如此，也不可能只是如此。親情、愛情、友情，乃至於所有的生活細節和工作勞動，甚至對於幸福幻想、冀求的權力，都因著青春七年的ＲＣＡ工作，遭受無止盡的牽連、撼動，被摧毀後，再憑著自己重新建構，再被摧毀，再建構。

那一句「身體有瑕疵的人」，到底不被企業主在乎，但承受的人，能夠一年走過一年，卻已是萬幸。

傅若珣

對於品管這個崗位，傅若珣有其深入的體會與詮釋：「工程師是個理想者，而我們是現場的實際操作者。」工程師的設計排下來之後，品管需要解讀，並且實際操作，看還有哪裡需要改進。「例如，遇到左撇子的員工，插件的方法可能就需要稍做修正，讓員工能夠更方便、更有效率地完成工作。這些是工程師不會想到的。」靠著這樣的自負與自信，傅若珣在小夜班崗位堅守了十六年，做出不俗的成績。

1950年　出生於台北新北投
1975年（26）　進入RCA工作，擔任小夜班的品管員
1978年（28）　結婚
1991年（42）　離開RCA

採訪資料：

第一次訪談
時間：2011年7月 5日
地點：傅若珣桃園家中
訪員：黃麗竹、江怡瑩

第二次訪談
時間：2012年 5月3日
地點：傅若珣桃園家中
訪員：顧玉玲、張榮隆、黃麗竹

文字整理：黃麗竹

工廠一樓的某個角落，傅若珣開門進入剪線房，顧不得迎面而來濃重、刺鼻的化學藥劑味，邁開步伐往目的地趕去。不遠的前方是一片片的減音條，就像一襲垂墜的白色簾幕一般，從裡頭傳來悶響，一陣一陣。雙手撥開擋在眼前的減音條，眼前的機台上有數千顆鉚釘一齊震動，震天嘎響。傅若珣覺得鼓膜隱隱刺痛，有點後悔沒隨身攜帶耳塞。傅若珣雖討厭這種聲音，但另一種聲音，卻令他害怕。鉚釘在機台上被篩齊方向後，就會一顆顆被打到選台器上，這時候的聲響就不只耳朵受苦，那「噠！噠！」的聲響引起的波動，每一下都像打在心臟上，就像心悸一樣，讓人喘不過氣。但總歸是工作，撓撓不舒服的耳朵，傅若珣開始著手處理問題。

夜晚十一點左右，多數人早已進入甜蜜的夢鄉，但RCA偌大的廠房中依舊燈火通明，恍如白晝。小夜班的員工在生產線上，手沒有一刻停下，各自專注於自己分內工作。RCA桃園廠共有一、二、三號廠房，各廠房的生產線加起來共七個班次日夜輪班。小夜班生產量沒有日班大，運作的生產線只有日班的一半。但在不停流動的生產線上，各種突發狀況都有可能會發生，小夜班也不例外。恍神遺漏、插錯零件還算事小；忙中有錯把清潔劑當水喝了、或是不小心被高壓電給燒得手指皮綻肉焦的都曾發生過。

「上了生產線就像上了戰場一樣！」這是堅守小夜班崗位十六年的傅若珣體悟出的心得。

ＲＣＡ桃園廠每個廠房裡面都「大到可以開汽車」，工作時約莫有十五台堆高機在廠內開來開去，通行無阻。就算是在ＲＣＡ待了十六年的傅若珣，也仍有三分之一的地方不曾去過。三座廠房中的二廠製造ＩＣ，一廠與三廠則生產電視機，是當時ＲＣＡ公司主要的產品。

傅若珣最初進ＲＣＡ時，擔任品管員。品管最主要的工作就是「分析」，除了測試成品哪些好、哪些壞之外，更重要的是，壞的地方要怎麼修補、改進瑕疵。以焊錫為例，焊錫不成功的原因有很多種，可能是因為廠商將ＩＣ板送來時，底部的銅已經氧化；也有可能是員工手部有汗造成；又或松香濃度太高、或是時間久了揮發完了都會導致焊接得不好。品管員必須找出失敗的原因，才能再找相關部門解決問題。

進ＲＣＡ四年，傅若珣便晉升為品管領班，工作更為忙碌。雖然小夜班從下午五點開工，但身為領班的傅若珣，總是提早半個小時到達工作地點，與日班的人員進行交接，預先為開線做準備工作，例如插件的各種零件是不是已經備好了等等。傅若珣說：「生產線是不等人的！」預先被設定好的自動化生產線，時間一到就會開始運作，不會等員工就定位，而且不到休息時間也不能夠喊停。

開線後，身為品管領班的傅若珣，除了自身抽檢的工作，還要繃緊神經，隨時注意線上的各種狀況。線上員工口渴時，多半會忍著，就怕伸手拿水杯的同時，線上的產品就這樣一去不復返。但真的口乾到耐不住了，員工還是可以對身旁的水杯使個眼色，領班就要眼明手快，幫忙把水杯湊到員工嘴邊讓他方便就著喝。實在內急的時候也是比照辦理，領班需要暫時接替離開崗位的員工。傅若珣就是這樣，不時奔波於一、三廠的生產線之間。

雖然同為品管，日班和夜班的情況並不相同。日班發生問題時，一通電話就可以讓工程部人員來查看；夜班沒有支援部門，可問題總不能統統留到明天，需要當場處理。所以傅若珣逼自己練就一身工程維修、緊急處理的能耐。對於品管這個崗位，傅若珣有其深入的體會與詮釋：「工程師是個理想者，而我們是現場的實際操作者。」工程師的設計排下來之後，品管需要解讀，並且實際操作，看還有哪裡需要改進。「例如，遇到左撇子的員工，插件的方法可能就就需要稍作修正，讓員工能夠更方便、更有效率地完成工作。這些是工程師不會想到的。」

就是靠著這樣的自負與自信，傅若珣在小夜班崗位堅守了十六年，做出不俗的成績。

成為家中支柱

傅若珣出生於台北市新北投地區，時為一九五〇年。大約小學一年級時，舉家從陽明山後搬到士林。傅若珣從小就可以說是學校的風雲人物：月考、段考總拿前三名，還精通田徑、籃球等等多項運動，不只學校運動會，連區運會，前三名常常都是他的囊中物。「還有，我從小數學就特別好！」傅若珣提到這點，臉上有著掩不住的自豪神情。對數學濃厚的興趣，促使他後來選擇就讀健行工專（後改制為清雲科技大學）的電子科。

一九七一年中，即將退伍前夕，傅若珣一口氣考取了德州、艾德蒙、飛利浦、RCA共四家電子公司。旁人欽羨，傅若珣本人更是滿心期待，打算退伍後大施拳腳、一展抱負。但天有不測風雲，中東戰爭爆發了，引發第一次石油危機。OPEC石油輸出國家為了打擊以色列以及支持以色列的國家，宣布禁運石油出口，油價飆漲，連帶導致西方已開發國家經濟衰退。這股蝴蝶效應，也衝擊到了台灣。身為資源匱乏、仰賴出口貿易維生的海島型國家，在出口國經濟衰退的影響之下，眾多中小企業、家庭式工廠因而倒閉；就連有規模的大型公司也抵不住，而大舉裁員。

退伍前，傅若珣陸續接到德州、艾德蒙、飛利浦、RCA四家公司的通知，告訴他不用來報到了。原本心情飄飄然的傅若珣，在得知這消息瞬間，從雲端重重摔到了地面上。無可奈何下，傅若珣回到了士林的老家。沒想到另一個噩耗在等著他：父親中風了。站在床前，傅若珣望著床上身體僵直無法動彈的父親。回想當初在情報局工作的父親退伍後，找不到頭路，日子過得很苦，自己那時候就發誓這輩子絕對不當軍人。沒想到現在自己還是失業了。當時，傅若珣的媽媽在外頭的加工廠幫忙織毛線貼補家用，哥哥在軍中任職，兩人在家的時間實在不多，弟弟妹妹也還是唸書的年紀。「現在能好好照顧父親還有弟妹們的只有我了。」這樣一個念頭，讓傅若珣強把身體裡那股莫名的情緒壓在眼眶下，肩起了照料父親起居以及操持家務的擔子。

靠著先前從軍時每月薪水辛苦攢下的小筆積蓄，還有母親與哥哥的補貼，傅若珣想盡辦法無微不至地打理父親的飲食起居，每天更絞盡腦汁幫還在上學的弟弟妹妹變化便當菜色。失業整整兩年後，傅若珣越來越拮据，坐吃山空不是辦法，最少也得找個打工的活兒撐著。腦筋一轉，想到住家附近的中影文化城。高中時，被選為模範生的傅若珣曾獲得到中影工讀的機會。憑著以往的經歷，傅若珣應徵上劇組攝影師這份工作。雖然本科學的是電子，但憑藉著過去的經驗，慢慢地摸索，攝影師也是擔任得有模有樣。

在中影的工作固然有趣，但為了接戲，整個劇組常常要跟導演、戲主人（出資者）喝酒，時間一久，流於糜爛的生活逐漸使傅若珣覺得吃不消了，萌生去意。就在這個當口，某天在路上巧遇了在軍中他曾指導過的一位教育班長，閒聊近況，才知道這位「學生」目前正任職於RCA。不僅如此，傅若珣曾經訓練出來的教育班長，不少人都在RCA工作。當時正值政府推行十大建設，需求大增。同時實行開放政策，外資進入，帶動經濟的復甦，也提供許多工作機會。傅若珣從這位舊識口中得知RCA正在招人！

他再次考取了RCA。孝順的傅若珣到父親床前，告訴父親他將要到外地工作。經過兩年細心復健的傅爸爸依舊不太能挪動身子，所以只是躺在床上靜靜地，眼睛隨著聽到的消息一眨一眨。仔細叮囑弟妹們要好好照顧爸爸後，傅若珣稍稍收拾了幾件換洗衣物，拎著輕便的行李，一腳跨上機車。千里單「機」，傅若珣隻身一人從士林來到了RCA桃園廠。

雖然進入人人稱羨的RCA工作，傅若珣並沒有忘記自己的責任：家裡的生活費、弟妹們的學費仍落在他身上。僅僅一份薪水無法支應，進RCA沒多久，傅若珣就開始到鄰近地區其他工廠兼職賺外快。「縱貫路上的工廠我差不多都進去過了！」RCA位於桃園中山路上，這是一條又直又長的馬路，當地人都習慣叫它縱貫路。在台灣經濟起飛的那一段時光，路的兩旁都是電子、紡織工廠，規模有大有小。但現在路的兩旁幾乎看不到了。隨著學校設立，商場進駐，住宅區漸漸成形，取代了過去廠廠林立的模樣。

傅若珣在RCA工作十六年，其中十年在別家工廠兼職。甚至有兩年是一天連續上三個班：RCA小夜班在夜間十二點半結束，半個小時內趕到第二家工廠上深夜一點開工的大夜班。早上六點半下了大夜班，休息一小時左右，再「趕場」到第三家工廠上日班。從早上八點上工直至下午四點，又得在半個小時內回到RCA。

除了要給家裡寄錢外，傅若珣更下定決心要在事業上拚出一定的成績。傅若珣兼職的日班工廠叫做「華勝」。剛開始擔任作業員，看到別組的組長竟是一個年紀與他相仿的女孩子呢！當下就決定要向她看齊。到了第二個月，傅若珣就直接跑去跟老闆毛遂自薦當領班。老闆的神情可想而知了，才在線上待一個月的新手！但看著傅若珣直定定的眼神，神智清醒不像講玩笑話，沉吟了一會兒，決定給這初生之犢一個機會：「好，就讓你考試，通過了升領班！」傅若珣果

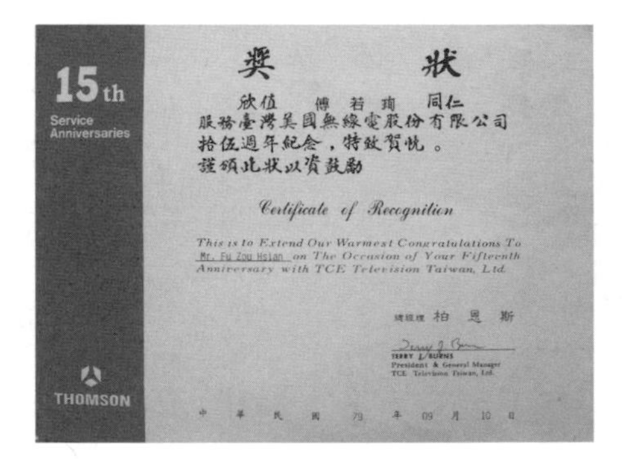

15th
Service Anniversaries

獎狀

欣值 傅若珣 同仁
服務臺灣美國無線電股份有限公司
拾伍週年紀念，特致賀忱。
謹頒此狀以資鼓勵

Certificate of Recognition

This is to Extend Our Warmest Congratulations To Mr. Fu Zou Hsian on The Occasion of Your Fifteenth Anniversary with TCE Television Taiwan, Ltd.

總經理 柏恩斯
TERRY J. BURNS
President & General Manager
TCE Television Taiwan, Ltd.

THOMSON

中華民國 79 年 09 月 10 日

1990年傅若珣於RCA服務滿15年獲頒獎狀與戒指。（傅若珣提供）

然沒有食言，通過考試，升上了領班。

由於做事認真負責又有效率，傅若珣深得老闆賞識，不久之後，老闆再一次把傅若珣從領班提升到組長的位置。達成先前目標的傅若珣，並沒有停下他的腳步。他帶領組員刷新了生產量紀錄！組員們歡欣鼓舞，為了犒賞共同努力完成創舉的夥伴們，傅若珣自掏腰包請整條生產線的人到阿姆坪郊遊。滿心歡喜的傅若珣完全沒有察覺，月老已經悄悄為他牽上了姻緣的紅線。

野外郊遊，美味的餐點當然不可少，但要準備那麼多員工的分量倒是讓傅若珣困擾。苦惱之際，被傅若珣當作看齊對象的女孩子突然閃過他的腦海。之前聊天的時候，似乎提過她家就在大溪，離阿姆坪很近。於是傅若珣也就壯著膽去問，由他支付全部費用，能不能請女孩的媽媽幫忙準備滷雞翅等點心。女孩爽快答應了。沒想到這次的接觸讓兩個人發現很聊得來，越發熟絡起來。

努力地賺錢背後的原因又多了一個：與女孩的相遇相識，讓他想結婚安定下來了！終於，在與傅太太認識兩年以後，傅若珣在二十八歲時求婚了。婚後，兩人在桃園大竹租了個約莫十八甲大的池塘養魚。那時候太太懷著老大，挺著大肚子，就隨著傅若珣暫時在池塘旁的工寮裡安定下來。隔年太太生完第一胎後，傅若珣告訴太太，如果她想工作，他是全力支持

傅若珣夫婦與孫子、愛犬。(張榮隆攝)

的。於是，太太也進入RCA工作。聰明的夫妻倆想出了一個可謂兩全其美的好辦法：傅太太上日班，這時傅若珣就在家中帶孩子；等到下午傅若珣出門準備上小夜班的時候，正好太太就下班回家了。美中不足的是，這樣分配時間輪流工作和帶小孩，讓夫妻倆以及與孩子們共同相聚的時間變少了。但也因為如此，傅家人更珍惜能聚在一起的時光。每逢假日，傅若珣總會安排全家出遊，享受天倫之樂。

光陰荏苒，傅若珣的家庭逐漸茁壯，五名成員中最小的女兒也在就讀幼稚園了。這時的傅若珣正值三十五歲。因為孩子大了，現在的他擁有比較多的時間能夠運用，他決定要好好把握。傅若珣打算回學校再進修，除了充實自己，也希望可以把學到的東西運用在工作上，教導其他的品管員；同時，也給現在學習中的孩子們一個好榜樣：「你們看！爸爸也跟你們一樣在唸書喔！」就是這樣的動力，讓他進入中原大學唸電腦，在這五年當中，晚上工作，白天進修。

一等一的企業，一等一的毒害

「RCA的福利制度在當時台灣的眾多公司企業中，可以說是一等一的了。」眼神中透出一絲絲的緬懷，傅若珣說。每年年初，福利委員會就會把當年度所要舉辦的所有活動以行事曆的方式公告，舉凡能想像到的活動，RCA的福委會幾乎都辦過：桃園虎頭山登山健行、東北角十八王公廟進香拜拜團、籃球比賽、園遊會等等。甚至在台灣人還沒有過西洋耶誕節習慣的當時，RCA固定會在每年平安夜當天，舉行應景的耶誕舞會。舞會在當時是所有青年男女們認為最時髦的休閒娛樂，以及最吸引人的交際場合。不僅如此，福委會不時還會舉辦摸彩，另外，若是員工在繁忙工作外還有剩餘的體力和時間，更有各式各樣的社團等著員工參與。

最為RCA的老員工們津津樂道的，是RCA給予員工的休假、薪水以及退休制度。大約民國六十年的時候，RCA就採目前的周休二日制了。而且在當時，RCA透過轉帳將每月薪水匯入員工的郵局戶頭裡，以當時別家工廠都是發薪水袋來講，相當先進。不只如此，RCA每個月將當月薪水扣百分之五，公司再補貼一、兩千塊錢，全部存在中國信託的帳戶中，如此完善的退休制度對員工來說是退休後生活的保障。撇開其他不說，傅若珣不得不承認RCA在這點上做得不錯。

一九九一年，RCA公司開始逐漸進行將廠區遷移到中國大陸的計畫。當時廠內有位廠務高層，跟外籍主管們的關係不錯，這次的搬移主要就是由他負責，把所有的機器、零件一批批地運到大陸。因為RCA廠區用地共有五甲大，當時許多業者相中那塊土地，其中還有人想在那裡打造一座全桃園最大的購物中心。競爭者眾，即是利益所在。那位高層身處於RCA領導階層與工廠員工間的核心地位，自然也與此事有所牽連。但不知怎麼，各種利益衝突的結果，最終那位高層從中退出，前往當時新黨立委趙少康處，將深深埋在RCA地底下、最陰暗的祕密給翻了出來。

「我X！」提到這裡，傅若珣顯現了從未有過的激動，爆了粗口。「我們一直都不曉得這件事！完全被矇在鼓裡！直到那天早上看了新聞才知道事情是那麼的嚴重！」這件事，指的就是RCA廠區土地與地下水污染案。由於RCA公司多年來在桃園廠區直接傾倒有毒廢料與有機溶劑，造成廠址以及鄰近地區水源與土質被破壞殆盡，技術上幾乎無法整治，成為永久污染區域。

下午四點是日班與小夜班交接的時間，傅若珣每次這時候進入工廠內，都會明顯感受到廠內與廠外空氣大不相同。RCA的工廠內的空調採用內循環系統，廠內的空氣不會對外排出，只在廠內不停地循環。所以除了保持低溫以外，完全無法發揮保持空氣清淨的效果，反而是使廠內空氣更加惡化的幫兇。

在這樣環境下的員工，難道都不會有感覺嗎？大家不曾主動向RCA反應嗎？傅若珣說，在那個時間走進廠內，就有走進霧裡的感覺，味道也是什麼都有：膠水、松香、各種有機溶劑混在一起的大雜燴。但也就僅止於剛剛進廠的那短短時間而已。進了廠就是戰場，要迅速抵達自己的工作崗位等待生產線啟動。在等待開線前的緊繃氛圍下，沒有任何一個員工會把心思放在今天廠內的空氣品質如何，遑論工作中，大家忙得不可開交，更不可能去注意。況且，入廠一久，鼻子也就習慣廠內氣味，聞不出怪異了。

不過，廠內的確有一個地方是RCA員工公認的「臭」，那就是剪線房。很多原本待剪線房的員工受不了過於濃重的有機溶劑味道，直接辭職再來報名，就是盼著分到別的崗位去。也是到了傅若珣進RCA八、九年以後，廠方才將剪線房單獨隔間。

這些洗髒了的有機溶劑，員工們會先倒入塑膠大桶子內，等到聚集足了好幾桶，再由某些員工用手推車推到廠房外傾倒。傅若珣描述傾倒地點「像是一個儲油倉庫」。而且包括他在內的RCA員工，都以為傾倒地點的地底下有一個巨大類似儲油槽的容器，用來暫時儲放這些廢棄的有機溶劑。這樣一來，才不會讓這些易揮發的劑料接觸到陽光而發生危險。他們也覺得，等到儲存槽滿了之後，公司會定期請人來抽取處理。這種詭異且莫名出現的「以為」源自於誰，員工們也莫衷一是，沒有任何人曉得。更沒有人知道，那些被倒入地下的有機溶劑，污染了地下水，地下水再被RCA公司的水源系統抽起來當作廠內員工的飲用水。

那個年代，台灣正努力拚經濟，「環保意識」對大部分人來說是完全陌生的名詞。許多外資正是看準了台灣當時急需發展經濟，再加上環保法規相對外國來的寬鬆，大舉進入設廠。但對於工廠環境可能對員工造成的危害，卻往往不在優先考慮之列。每位RCA員工更只是兢兢業業，努力做好分內的工作，賺錢填飽自己和家人的肚子。怎麼會在意廠內的空氣是不是有機溶劑瀰漫，怎麼會曉得手上不小心沾到的「清潔劑」其實有劇毒，又怎麼料想的到每天喝的水已經被有機溶劑給污染了？

RCA關廠後，傅若珣曾經短暫待過幾家電子工廠，但也許是太過於習慣RCA的種種制度，總覺得這些公司不符合他心目中的要求，他決定成立自己的電腦工作室。七年前，五十七歲的傅若珣決定退休，「我是怕哪天東起來就再見了，哈哈哈！」退休後，在老婆循循善誘下，心一橫戒掉了多年的菸癮。現在每天早上五點就到附近的國小教一些志同道合的朋友們練太極拳；固定撥時間餵附近的流浪貓狗，帶去給獸醫治病、結紮。

在RCA污染案中，傅若珣算是比較幸運的。由於吃的喝的，他都習慣從家裡帶，再加上小夜班的生產線沒有日班開得多，相較之下與有機溶劑的毒害也接觸比較少。但這些年看著幾個老同事、老朋友生病，甚至去世，他也不勝唏噓。早些年就加入RCA員工關懷協會跟著大家一起活動，但因為偶然一次資料郵遞錯誤，讓他不再是協會的一員。「協會現在提起訴訟，有結果當然是好啊。我不在裡面，也已經覺得沒關係了。」傅若珣這麼說著，但臉上還是有掩不住的惆悵感。

聽著傅若珣回憶聊當年，那些支持著他在RCA小夜班戰場奮戰了十六年的自信與自負又在他的眉宇間浮現。我想，他的自負與自信從來不曾消失過。只是現在，傅若珣將之轉化成了對家人的關懷與陪伴，如此而已。

後記

文／黃麗竹

這是我第一次接觸口述史，第一次與受訪者面對面進行訪談。見到傅先生的印象到現在還記憶猶新。灰白色的頭髮，腰間繫個運動腰包，整個人感覺很有精神。到了傅先生的家，溫馨而整潔，身型嬌小的傅太太親切地拿飲料招呼我們，除了傅先生的兩隻狗狗偶爾鬧鬧場，過程順利，並沒有我想像中令人發窘的乾涸場面出現。這應該歸功於傅先生深厚的敘事功力，還有他豐富精彩的人生歷程。

第二次補訪結束後，沐子提議想去ＲＣＡ的舊廠址看看。擔任志工之初就知道ＲＣＡ以前的工廠就在武陵高中的附近，地圖上畫的好大一片土地，實際到了現場才真正體會。

傅先生和其他員工和我們描述的ＲＣＡ廠房已經被夷平了，眼前是一堆又一堆比人還要高的石塊與泥土，這就是奇異公司接手後所做的整治工程，把地底下被污染的土地挖出來讓陽光曝曬。我踮著腳努力朝後望去，綿延的小山堆似乎沒有盡頭。儘管土地水源被污染了，兩旁繁茂的芒草還是努力地長得比人還高。離開前再次回頭望了望，我還是沒有辦法從眼前的雜草土堆尋出ＲＣＡ高大宏偉廠房的一絲絲端倪。

劉荷雲

荷雲自認不論生活條件和身體狀況，都比其他患病的同事好，應該肩負較多的事，也覺得既然要幫忙，就要竭盡所能，「我做事就是這樣，一板一眼，我可以做九十分，就絕對不允許自己只做到八十九分」。於是，憑著一股傻勁與情義，荷雲一頭栽進了 RCA 關懷協會。進入協會後，荷雲負責所有的文書作業，原本在 RCA 使用的是打字機，進入協會後她開始學習怎麼使用電腦，一路下來，她打了好幾千筆名冊，也負責管理帳目，期間也到勞委會、環保署、外交部、立法院等各個機關為了 RCA 案奔走、抗議，不曾缺席。

1952年　　　生於嘉義大林社團新村
1971年（19）進入RCA
1977年（26）獲選RCA員工代表，接受美國RCA總裁於桃園廠的贈園儀式
1979年（28）結婚，產下大兒子
1992年（41）RCA關廠前兩個月遭資遣
1998年（47）加入RCA員工自救會（即RCA員工關懷協會前身）
2002年（51）暫離RCA員工關懷協會
2006年（55）重回RCA員工關懷協會

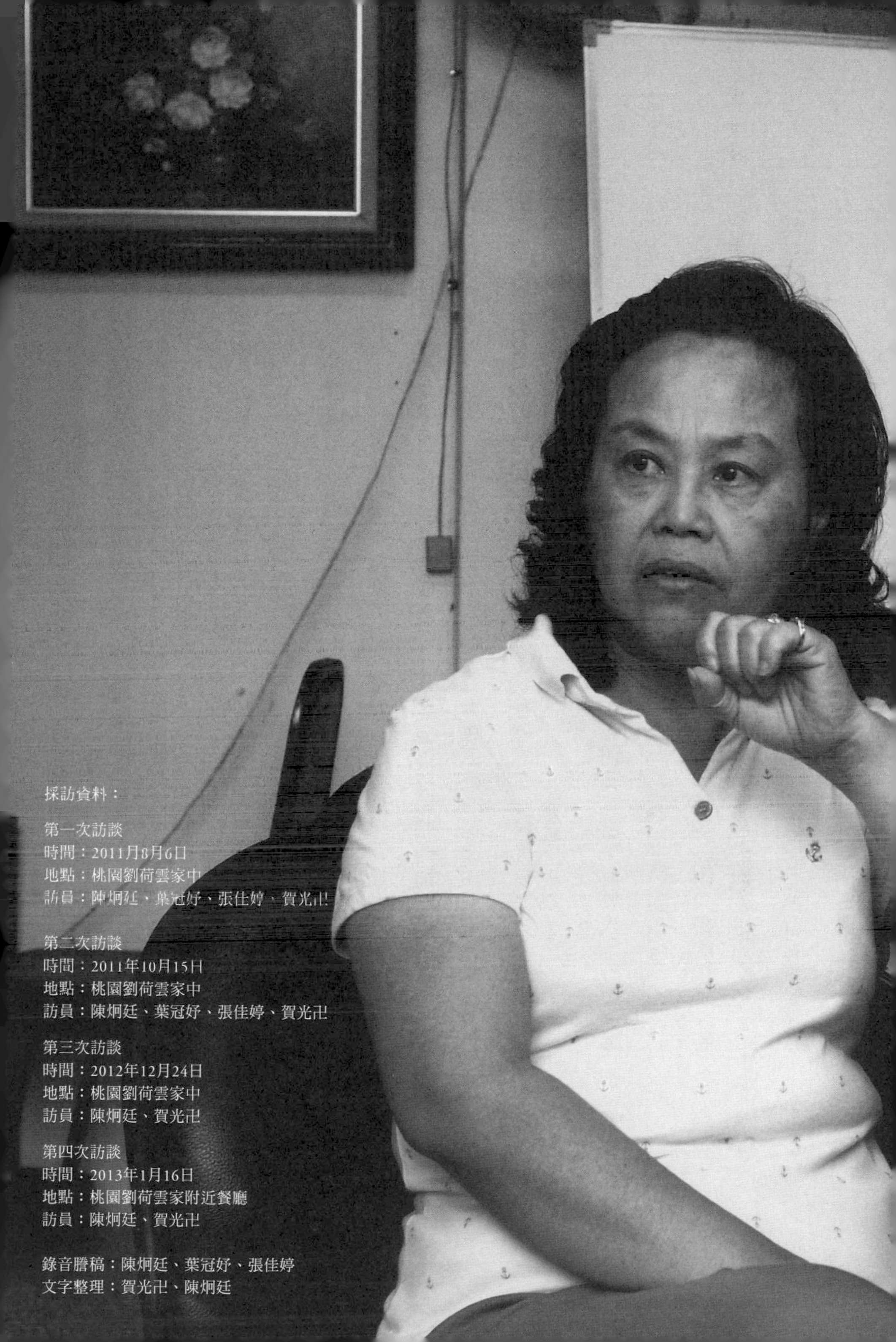

採訪資料：

第一次訪談
時間：2011月8月6日
地點：桃園劉荷雲家中
訪員：陳炯廷、葉冠妤、張佳婷、賀光卍

第二次訪談
時間：2011年10月15日
地點：桃園劉荷雲家中
訪員：陳炯廷、葉冠妤、張佳婷、賀光卍

第三次訪談
時間：2012年12月24日
地點：桃園劉荷雲家中
訪員：陳炯廷、賀光卍

第四次訪談
時間：2013年1月16日
地點：桃園劉荷雲家附近餐廳
訪員：陳炯廷、賀光卍

錄音謄稿：陳炯廷、葉冠妤、張佳婷
文字整理：賀光卍、陳炯廷

劉荷雲出生於戰後的一九五二年，父母都是在一九四九年隨著國民政府來台的「外省人」。父親是軍醫，母親是要打理一家九口的家庭主婦，荷雲是家中的大姊，在她上頭有兩個哥哥，下面則有一位妹妹、三位弟弟。一家人自小就得因著父親職務的調動而遷徙於各地的眷村。在荷雲的求學階段，從南至北分別待過嘉義的大林社團新村、新竹的貿易二村，最後搬到了內壢的自立新村。

成長過程中的貧困記憶讓荷雲印象深刻。一家九口的生計單單只靠一份父親軍職收入，母親不識字且忙於家務，根本無暇像那些鄰居的太太還可以做些縫補的小手工，多少補貼一下家用。還記得父親那時的薪水每到開學期間，只夠繳二哥的學費，就兩百塊，而其他孩子們的學費，都得靠著向左鄰右舍周轉，等到父親發餉後才能一一還清。那個得與妹妹共用起居的、睡覺時沒有轉身餘地的房間，她也還一直記得。

「以後我要當老師！」是荷雲最早的志願，而這志願其實是來自於求學時，遭老師打罵後的氣話。雖說已事過境遷，但這段童年求學時所帶來的灰暗陰影，至今仍烙印在荷雲心底。

小學時的荷雲外表瘦黑、個子矮小，不知道是不是自己長得一副欠揍的樣子，時常無來由地受到同學欺負，甚至還曾兩次被推下水塘差點淹死。小三時，全家從嘉義大林社團新村北上搬到貿易二村，她不幸遇上一位性格暴戾的導師。上課的第一天，老師問到她要不要買參考書？她先是納悶了一下什麼是參考書，因為她在嘉義並沒有聽過參考書這三個字，因此直覺地說了不要。荷雲後來發現，怎麼功課都是出參考書的題目？沒參考書的她，當然沒法寫。本以為可以再向其他同學借，但同學們竟都紛紛拒絕了，因為這樣沒法繳作業，她連續被木條打了三天。最後是在不斷哀求下，她才與一名成績總是倒數第一名的同學共享了參考書，她也才知道原來老師有交代同學，不能借參考書給她。

初中時，荷雲高分考上了第二志願竹二女，但不久後因父親的調動，全家又搬到中壢的自立新村。談到那時候的閒暇娛樂，在那個電視還未普及於各家戶的年代，荷雲偶爾會和其他人一樣，趴在那少數擁有電視的人家外的窗台上，好生羨慕地看著電視節目。大部分的時間裡，她喜歡待在家裡聽著收音機裡的廣播劇，其中鄢蘭、白茜如的聲音深深地令她著迷。初三時，荷雲還迷上了看電影，但因沒餘錢又想看，她開始接毛衣花的代工，躲在房間裡偷偷地縫。「人家在拚聯考，而我是在拚縫毛衣花」，那時縫一件毛衣花才兩塊，而且還要給工頭挑三減四，荷雲為了多攢些零用錢，毛衣花越接越多，成績也跟著每況愈下。高中聯考放榜時，她並沒考上公立高中，但家裡又供不起她讀私立的高中，這時她才意識到事態的嚴重，為了下一輪職業學校考試，荷雲重拾書本，最後她成功考取中壢商職。

我是品管，我說不行就不行！

「真的是運氣啊！」荷雲在回想自己是如何進到RCA工作時說。

一九七一年，荷雲已從高職畢業，同年也是RCA公司來台設廠的第三年。某日她走在自立新村回家方向的路上，巧遇了周筱蘭、周梅蘭和蘇蘋蘋三個同住在自立新村的同學，在幾句寒暄問候下，荷雲得知了她們三位正要前往RCA報名作業員。當時因父親託人在陸軍總部安排的工作仍未有著落，又加上自己其實膽子小，不敢一個人去找工作，所以便也和同學們表示自己想去試試！面試後，四人隨即被錄取一、三廠的品管部檢驗員。

初進RCA的荷雲先是在實驗室檢測產品，沒多久她就被直接分配到頻道轉播器的生產線擔任品管工作，職位是一般檢驗員。十個月後，因工作能力佳，荷雲成了品管部門晉升成技術檢驗員的第一人，這職位通常是由電子專科畢業的男性所擔任。雖然還是同樣從事品管工作，但不同於先前的職位調薪是跟著全公司一起調整，現在則是依個人每年的工作表現調升。而荷雲的工作績效，總是可以調升至最高一級。

在品管檢測上，荷雲總能敏銳地發現產品在哪個環節上出了問題，所以只要是由她負責的品管線，都會有很好的成績。只是在生產線上，製造端與品管端其實有一種緊張關係，品管端若是把關得太好，會影響生產線的出貨率。因此荷雲在工作上的嚴謹，往往也就成了她與製造部門主管起衝突的導火線。

一次與製造部主管的衝突，發生在新開的彩色電視生產線上。當時品管部及製造部的主管級人物，包括了大經理、小經理、組長、主任通通齊聚工程部，正討論著品管的退貨率怎麼會那麼高。再這樣下去，這線的出貨量鐵定會出事，畢竟RCA當時可是蟬聯台灣外銷出口第一的傳奇廠商。結果這些「老闆」們最後達成的共識是要求品管：不准再打開產品的外蓋檢查內部的裝配。但這點在她看來荒謬又沒道理，因為問題癥結在於生產環節中所導致「翹片」問題，並不是品管不給過的問題，所以只要當產品轉到她的手中時，她會檢查機上圖形，顯示有異狀時，就會開外蓋檢查。當其他條線的出貨率紛紛好轉，品管都開始為產品貼上了表示合格的綠色單據時，只有荷雲這頭，還是充斥著一張張大大的寫「Reject」的紅色退貨單，她甚至還特別貼了比紅單還更醒目顯眼的橘色單，表示這產品「不准動！」

停滯不前的出貨率，當然引起了品管部及製造部主管的注意，她的主任暗地觀察、發現荷雲不依新規定時，便一個箭步走到荷雲身旁，口氣不悅地問：「你不知道不能開外蓋嗎？」在荷雲答知道後，主任緊接著一句尾音揚起，口氣令人感到嫌惡的『so……』讓荷雲也沒有好口氣地回答：「怎樣？有問題我就是要開阿！」接著便流暢地以手邊的工具撇開了一個產品的外蓋，然後指出了其中的「翹片」問題：「喏，你看！」主任先是傻眼地望著嚴重變形的翹片，神色疑惑地瞪著她：「妳怎麼知道有翹片的問題？」這一問其實也讓她呆住了，因為她也不知道該怎麼說明。在主任再要求做一次檢查動作下，她拿起了一個產品湊到了主任的耳邊，以她平時熟稔的方式轉著頻道轉播器的波道給他聽，「你要很用心去聽它！」就這麼轉著波道，一開始主任並未聽出箇中微妙，就在她重複試了幾十遍後，主任終於聽懂了，

RCA美國總公司總裁來訪，劉荷雲代表台灣員工為致謝代表。（劉荷雲提供）

結果這項工作方法，反倒成為了日後所有品管的新工作方法。

一九七七年，RCA美國總公司的總裁桂福斯（Griffths）率隊來台參訪，並設計一個「RCA設廠十周年」贈園儀式。當時公司的高層希望在生產線中推選出一個女工，作為當日的致謝代表，人事部便要求製造部門和品管部門推舉出一些人參與選拔活動，選拔的方式是要每個人唸一份短的英文講稿，讓公司公關評比。荷雲在這個選拔中脫穎而出，成了台灣RCA上萬員工們的代表。

投入RCA員工關懷協會

荷雲在RCA的後期，公司開始精簡人力，整併與改組部門。一九八〇年開始，部門整併後，荷雲雖還是掛名品管，但工作內容已從線上檢測產品轉為從事文書工作負責打報表。在一九七八年至一九九二年這十幾年間，公司開始不時有裁員的消息釋出。RCA關廠前的兩個月有一波部門的人力縮減，荷雲被要求離職。對此荷雲覺得些許不平，畢竟自己那麼賣力地工作，憑什麼是要她走呢？可又想到另一位被留下的同事可能更需要這份薪水，她的心情很複雜。最後，荷雲還是選擇拿了資遣費離開了這個耗費她二十一年青春歲月的地方。

RCA關廠兩年後，RCA的公害問題浮上檯面。直到一九九八年，RCA員工召開記者會，才進一步揭發了RCA使用的有機溶劑對於工人們的毒害。那年某天，荷雲在路上偶遇正在籌組RCA員工自救會的梁克萍。當時的自救會才開始籌備，正在號召許多RCA老同事，梁克萍當面邀請荷雲參加桃園縣衛生局的說明會，之後又打了電話請她一定要去，於是她當天就也跟著去了。荷雲自認不論生活條件和身體狀況，都比其他患病的同事好，應該肩負較多的事，也覺得既然要幫忙，就要竭盡所能，「我做事就是這樣，一板一眼，我可

劉荷雲在RCA辦公室留影。這時已是RCA關廠前一年。（劉荷雲提供）

以做九十分，就絕對不允許自己只做到八十九分」。於是，憑著一股傻勁與情義，荷雲一頭栽進了自救會。

進入協會後，荷雲負責所有的文書作業，原本在RCA工作時使用的是打字機，進入協會後她開始學習怎麼使用電腦，一路下來，她打了好幾千筆名冊，也負責管理帳目，期間也到勞委會、環保署、外交部、立法院等各個機關為了RCA案奔走、抗議，不曾缺席。

但在忙於協會事務的日子裡，有一段時間，可能因為要面對協會內部差異的壓力，同時也因著那段時間探訪了不少罹患癌症的同事，荷雲那陣子的睡眠品質很差，夜深人靜時依然情緒亢奮地睡不著覺，有時又噩夢連連地睡不安穩。曾經有一個夢境的畫面是荷雲夢見自己站在RCA公司的對街，一群人男男女女，全身白袍像幽魂般神情嚴肅地，從分隔島那頭一個接一個魚貫飄過，好似國慶閱兵般，每一位經過荷雲的面前，就對她微笑，面容個個清晰但她卻又好像不認識。另一個夢境則是讓荷雲連續夢了兩次，夢境裡有許多人在參加一位同事的告別式，現場有好多的花圈和花籃，布置得美輪美奐又莊嚴肅穆。那夢境是不是一種對現實的預告呢？驚醒後的她總是一身冷汗。

在RCA員工關懷協會的這一段時間，因為當時理事長處事作風強勢霸道，加上對一些帳目的質疑，以致荷雲時常與理事長起衝突，一方面要顧及會務進行，一方面又要處理衝突，讓她覺得身心俱疲、萌生退意，甚至也曾撂下過：「告訴妳，以後就算是八人大轎來抬我，我都不會來！」這般狠話。荷雲的先生寬哥在旁看她這樣也十分心疼，便勸她離開協會，別再做吃力不討好的事了。但由於投入甚深，以及與其他同志間的情誼，她掙扎了許久，二〇〇二年時才以忙於褓姆的工作為由退出協會運作。

在RCA種下的病與痛

談到RCA的有機溶劑造成地下水的污染和對於工人的毒害。荷雲回想起以前在WAFER線工作時，桃紅色的工作衣總會沾染上一大片綠色的油漬，荷雲都會自嘲工作後自己就像賣油條的，這些污漬不管她帶回家怎麼用力地搓洗，就是洗不乾淨。其他人用工作時的有機溶劑把工作服洗得乾乾淨淨後，荷雲也開始用有機溶劑來洗工作衣，果真一乾二淨，雖說洗完後總有股刺鼻的臭味道，但能換得一身乾淨，就忍過去了。當時沒人對廠內使用的有機溶劑起過疑心，大家只是知道它是很好用的清潔劑。

一次機會下，聽了曾在台灣研究女工生活的美國學者艾琳達談到，有研究指出在美國高科技公司上班的女工流產的機會較高，以及在打官司時聽到專家證人、曾在RCA做論文研究的教授張艮輝指出，在RCA空氣不流通的環境中富含了許多種知名與不知名的有機溶劑氣體，這都有造成暈眩、流產的可能。這些說法讓荷雲意識到自己身體的病痛，也許跟當年的工作環境有關係。只是對於疾病與工作的關聯性，荷雲一直不敢抱以篤定的態度，她唯一可以肯定的是，這些症狀都曾真實地發生在自己身上。

回想RCA工作中期，荷雲有一段時間，每天早上起床的時候，都會發生暈眩的情況。最嚴重的一次是在三十一歲那年，生小兒子的前一個月，那次的暈眩足足讓她連躺了三天都無法下床。

那天，還在廠內工作的荷雲，因著突如其來的暈眩，她先是去了廠內的醫務室，醫務室的勒大夫開了藥但沒效。躺在病床上的她不斷地想嘔吐，護士眼見持續不斷嘔吐的荷雲，直說沒看過這麼嚴重的，便要請人送她去醫院，可被她連聲拒絕了，因為她總覺得自己再躺一會兒就會好些。只是躺到快下班的時候都未見好轉，反倒更加嚴重。當時的荷雲全身癱軟，根本無力起身行走，最後靠著周晶如、張素琴兩位同事的攙扶與工程師秦金斗開車陪同下，她才得以順利回家。荷雲回憶，「她們就架著我，我腳像踩在大片棉花田裡頭，一腳高一腳低地在那邊踩。我坐前座阿斗的旁邊，阿如、阿琴兩個女生坐後座，一個扶著我的頭，一個抓著我的身體，以免讓我晃動，因為只要一晃動我就會暈得更嚴重，吐得更厲害。」

當時的診斷結果是，造成暈眩的可能有很多種，也很難說是什麼原因，且這次的暈眩又正好發生在荷雲的懷孕期間，因為她前兩次的懷胎經驗都不順利，一次是生老大的時候，一次是死胎，所以大家都只是覺得這不過是她懷孕的不適而已。

其實在三年前，生完老大後，年底荷雲就停經了，這時的她才二十八歲。之後因為還想要孩子，婦產科醫生當時探查停經原因，只說是腦下垂體病變、黃體素分泌有問題，被當作不孕症來治療，施打賀爾蒙或催經素。因此在懷小兒子的過程中，接受了許多治療，導致她一直覺得小兒子

荷雲與同事們在RCA對面的中南紡織廠留影。中南紡織廠址現改建為遠東愛買。（劉荷雲提供）

像是被「做」出來的。懷上小兒子之後，荷雲一直不正常出血，身體狀況並不穩定，後來從書上看到，若懷孕中打太多雌性激素，容易造成男嬰女性化，在擔心老二生出來會有問題的考量下，她才開始拒絕打安胎針。看見小兒子現在的某些症狀，比如說手指會習慣性顫抖，都會讓她不禁聯想到，這是否與懷孕過程打了太多藥劑有關，而與RCA又有關嗎？

因為曾在RCA工作長達二十一年的關係，讓荷雲對於疾病和看醫生總會感到不安，擔心遲早有一天，會被檢查出身體有什麼問題，害怕下一個罹病的會不會就是她？一九九二年離開RCA後，因大量出血到敏盛醫院檢查，發現是子宮內膜增生，也被提醒患子宮內膜癌的機率較高，所以才以手術治療。二〇〇八年至萬芳醫院身體健檢時，又發現「中度緻密性腺體異常」，這也表示罹癌的機率較高。之後還陸續發現身上有不明凸出的瘤，雖然診斷出是無大礙的脂肪瘤，不過協會的其他成員，還是不斷耳提面命地要她不得大意，要她到大醫院做更仔細的檢查，但是這份關心卻總會讓她覺得有壓力，因為若檢查出來的結果真是有問題的話，這樣會讓她痛苦。只是雖說不想去在意它，但是荷雲三不五時，還是會去摸摸身上那鼓鼓的，實在是難以忽略的脂肪瘤，看它長大了沒有。

關懷協會因運動的困頓而停擺了一陣子，直到二〇〇六年後，現任理事長吳志剛和幹部們重新整頓，才又開始動了起來。吳志剛及幾位元老級幹部打電話給荷雲，希望她能回協會，荷雲先是猶豫了一陣子，但終究還是敵不過自己內心的那份執拗的熱情和正義感，還是重回協會。「難道要那些插著鼻胃管、吊著點滴的人杵在前面嗎？」荷雲說。

重新回到協會，飛官退役的老公寬哥的支持，可以說是荷雲前進的強力後盾。荷雲記得有一次要上台北開RCA訴訟會議，自己因前晚失眠到半夜才睡所以起得比較晚，正當她驚醒於自己的晚起時，寬哥正進到房間，喚她起床怕她會遲到，甚至備好了早點。荷雲平日擔任保姆工作，若要北上參加活動，妹妹嘉珠也會主動在家幫忙看顧孩子。雖然荷雲的兒子偶爾會認為她很無聊、愛管閒事，但荷雲總會和兒子們說，有能力的人要回饋社會，要抱著彼此幫忙的心念，人也不該只關心和自身利益相關的事物。

荷雲很喜歡現在協會裡，大家為同一個目標齊心奮鬥的感覺，她希望自己能繼續為RCA員工爭取應有的、合理的對待與尊重。同時也希望對所有相關企業做出警告及建言。這些年來，荷雲在自己開設的「夏荷的藍天白雲」部落格，寫下了不少關於RCA事件的相關文章，其中包括參與RCA運動過程中一路走來的心情故事，以及對於過往在RCA工作的追憶與失落，以下是她在〈憶RCA往事〉中所寫下何以堅持於運動這條路的文字：

慶幸夏荷什麼都沒有，卻有著一身傲骨，絕不為五斗米折腰！今天我敢走上街頭吶喊、抗爭、並不是為我自己（我並未罹癌），我並不偉大，甚至很渺小；但是我有滿腔熱血，希望能為RCA弱勢勞工爭取應得的照顧和撫慰。但是，我們勞工何等弱勢，社會上有多少人正視職災的問題？Never Give Up！

劉荷雲的書桌前、玄關處，都有行事曆提醒著關懷協會的各種活動：開庭、會議，穿插著到醫院看診的日期。（張榮隆攝）

後記

文／陳炯廷

自參與口述史計畫至今完稿，約莫也快兩年的時間了，除了自己沒從事過這方面的書寫外，更一直沒把握能把荷雲在成長、勞動、運動路上所牽連起來的生命紀事，及她獨特的個性樣貌予以如實呈現。由於敘事的架構及篇幅有其局限性，加上自己目前也還未能有所突破，所以還有許多關於荷雲的一些精采故事，比如她現在擔任保姆工作的情況，以及她在生活上我觀察到的小細節，和她在運動路上的心路曲折都未能充分地表現在這份口述史中，對此還得與如此無私分享她生命故事的荷雲說聲抱歉。此外，更想和人家介紹荷雲自己開設的部落格「夏荷的藍天白雲」。荷雲在那片天地下，記錄了不少她在ＲＣＡ工作及抗爭路上的往事及心情。

很感謝這份口述史計畫所帶給我的學習和收穫，荷雲及其他ＲＣＡ工人的生命故事，讓我對於台灣藉由出口導向進入全球分工體系的依附發展而出現的第一代工廠工人有了更為清晰、具體的認識。究竟歷史是如何作用於一個人身上，而人又是如何參與歷史呢？口述史的學習經驗，也讓我開啟了對於與荷雲同輩的家人的成長、勞動經驗的好奇，荷雲的故事也成為得以參照的生命經驗。

我想那一個不再有人吃人的世界，路雖長且阻，但因著那一個個不把人當人看的充滿血漬的故事至今仍持續不斷地在書寫著我們的「進步」歷史，以及那為義而震怒所燃燒的火炬至今也仍持續不斷地蔓延，無不指明了我們「對公平與幸福最執拗的渴想」，並非是虛妄，且是有可能的。創造「台灣奇蹟」的RCA工人們的故事不正是印刻我們「進步」歷史的血墨嗎？而他們的苦難及一路以來為義而吶喊、衝撞的社會實踐，不正是在斥責、教育我們這以人為喫的社會嗎？最後，我想向我的這些在這條抗爭路上團結鬥爭所有朋友們致敬，也盼自己能夠在這條長且阻的學習與實踐路上更加堅強、成材。

附錄：荷雲部落格上的〈鄭王愛珠陳述書〉

荷雲會在自己的部落格，記錄著出席開庭、參與運動的見聞和心得。二〇一三年六月十三日，台北地方法院開庭，訊問我方（原告）證人鄭王愛珠女士，自從答應出庭作證，出庭前一周愛珠就吃不下、睡不著，因為傷心的往事歷歷在目，且自知年事已高記憶欠佳的情況下，每天想到什麼就請在家的小孫子幫忙記錄下來，這是一篇鄭王愛珠想唸給法官的陳述書，可惜限於程序，未能當庭讀出。經過愛珠本人的同意，荷雲也將這篇陳述書放在部落格上，並附錄於此。

陳述人：鄭王愛珠（原告兼證人）

感恩法院的各位法官大人，耐心公正地評議這件案子。

我是RCA電子公司的老員工，也是這次RCA污染案自救會的會員。

今天，我以受害者及受害者母親的身分，將這些年來我自己及我所認識的員工們身心受傷的嚴重情形，向各位法官表達我的心聲，懇請各位法官給我們一個公平公正的判決，也還給台灣社會大眾一個公道。

1——民國六十五年起，我和三個女兒陸續到RCA公司上班，希望改善家庭經濟，我們非常努力，日夜加班。賺錢以後，為了上班方便，就在公司對面買下房子全家定居，一直住到現在。這三十七年中間，我的女兒雖然先後結婚，也先後得到重病，其中三女兒病得最重，已經過世了；大女兒拿掉了子宮、二女兒不孕，現在又加上每星期三天洗腎。我和先生以前經常反省，可是我們的祖先都沒有得過這麼嚴重的病，而且一家這麼多人同時得病，我懷疑這一定和喝水、環境有關係。

2——當年，我們很感激美商電子公司給我們賺錢的機會，從來沒有懷疑過在工廠上班、住在工廠附近會有危險，一直到我們大家都生病了，而且病得很嚴重了，我們心中非常害怕，但是不知道可以向誰求救。我希望政府能幫助我們找到答案，為什麼商人在台灣蓋工廠賺錢可以不顧大家和後代子孫的死活？

3——現在我們還是住在工廠的對面，雖然改喝自來水，心中還是充滿了恐懼，因為RCA的污染事件，沒有人願意住在這附近，我們沒有錢，也不能搬到別的地方去，台灣本來是一個美麗的寶島，現在因為RCA的污染事件讓台灣變成一個可怕的地方，真不公平。

4——當年在RCA一起工作的同事們大都得了癌症，有些人甚至病重死了，留下老公和小孩非常可憐，他們都住在工廠旁邊，這些同事沒有機會知道自己為什麼生病，他的家人也不願意提起這些令人傷心的往事。我們知道美商RCA是一家大公司，他們寧可花錢請律師，也不願意賠償RCA同事們的醫療費用，打官司拖了這麼多年，他們一個一個大都等不到公平判決就過世了，也有人病重得連出庭作證都沒有辦法了。

5——這麼多年的上訴、出庭、收集資料，對七十多歲的我來說，真是身體精神上的嚴重折磨！將來不論賠償多少錢，也喚不回這麼多條人命和我們的健康呀！我是一個佛教徒，我相信「善有善報，惡有惡報，不是不報、時候未到」，希望法官大人能給我們一個公平正義的答案，也能給住在這裡的人一個合情合理的解決方法，不要讓老百姓一直活在害怕的陰影下。

陳述人：鄭王愛珠　敬上

辛 鴻 茂

這幾年，辛鴻茂的腳漸漸有了些病痛，為了省錢，他常常從火車站走到法院，再從法院走回車站，轉幾段車，回到中壢龍岡的家為外孫做飯。頂著八十五歲高齡，辛鴻茂是 RCA 抗爭運動裡最資深的鬥士，他的晚年陪著關懷協會的工人們走過；他濃厚的口音、隨身的國旗繡章與樸實自律的言行，出現在一場場的街頭抗爭與組織運動，幾個協會的幹部也就處處照護著他，陪他走過這段火車站與法院間的路。

1928年	出生於中國大陸山東省
1948年（21）	國共戰爭隨國民黨來台
1968年（41）	與張秀月結婚
1976年（48）	秀月進入RCA小夜班，工作以電路板焊錫為主
1989年（62）	秀月確診為鼻咽癌二期
1990年（63）	秀月逝世，請領勞保退休金發現年資計算有出入，至RCA與主管發生爭執
1997年（70）	加入RCA員工自救會（RCA員工關懷協會前身）

採訪資料：

第一次訪談
時間：2012年7月14日
地點：桃園中壢辛鴻茂家中
訪員：林岳德、張榮隆、張偉瑜、江世安

第二次訪談
時間：2012年10月25日
地點：桃園中壢辛鴻茂家中
訪員：張偉瑜

文字整理：張偉瑜、江世安

一九九〇年四月十七日，張秀月因鼻咽癌過世，不過四十歲，對於結褵二十三年的丈夫辛鴻茂來說，是真的太年輕了一點。

辛鴻茂當時真想就這樣跟著她去了，可是不能，家裡還有三個女兒，秀月交代過他，要好好把女兒們帶大。臨走前，秀月遺憾著從未坐過船和飛機出遊，兩人原以為辛勤的工作，終能換來安穩的晚年，想不到病魔來襲不過三年，從此天人永隔。從山東到桃園、從抗日到遷台，辛鴻茂走過征戰年代無處生根；他想要一個家，老天讓他遇上了秀月，可看著苦盡甘來的人生，怎麼竟埋藏著如此悲痛的轉折。

秀月過世四年後，RCA污染事件爆發。辛鴻茂聞訊便獨自找上RCA公司理論，並自寫訴狀打算為妻子討回公道，但沒有一個律師願意幫他。RCA罹癌員工組關懷協會的消息在電視上播出，辛鴻茂馬上連絡協會表達參與意願，從此只要接獲協會的大小活動通知，他總會出席，十餘年未曾退卻。

看不見盡頭的抗爭、沒完沒了的會議，這幾年，辛鴻茂的腳漸漸有了些病痛，為了省錢，他常常從火車站走到法院，再從法院走回車站，轉幾段車，回到中壢龍岡的家為外孫做飯。頂著八十五歲高齡，辛鴻茂是RCA抗爭運動裡最資深的鬥士，他的晚年歲月陪著關懷協會的女工們走過；他濃厚的口音、隨身的國旗繡章與樸實自律的言行，出現在一場場的街頭抗爭與組織運動，幾個協會的幹部也就處處照護著他，陪著他走過這段火車站與法院間的路。

戰亂頻仍中的生離

一九二八年農曆八月初五，辛鴻茂出生於山東省萊陽縣名喚「李樹圈」的村落裡，家裡面除了父母、兄長外，還有爺爺、奶奶、叔嬸數人。善於經商的父執輩為家族累積了豐厚的田產，除了村子邊七、八十畝的土地外，東北大連、瀋陽、長春、吉林、哈爾濱等地都有辛家參與投資的產業。殷實的家業不僅讓年少時的辛鴻茂得以全心向學，直到共產黨以「大地主」之名展開一波波的清算行動。

當時，共產黨藉口辛鴻茂的三叔在任職保長[1]期間財務不清需要檢討，幸好辛家平日樂善好施，不求回報，且遠房老長輩兒子投身共產黨，幫忙說情，才得以逃過一劫。只是，緊接而來的第二次鬥爭，家中的長輩就難以倖免。辛鴻茂回憶：「那個時候共產黨要我媽媽來學校找我回去，我媽媽要我千萬不能回去，回去只有死路一條」，母親的叮嚀最後變為一語成讖的預言，無法逃離家園的爺爺、奶奶、媽媽最後都慘死於共產黨的鬥爭之下。

只是，逃離的人也注定了半生的顛簸。共產黨擊潰萬第鎮游擊隊後，「無校可歸」的辛鴻茂頓時成為隻身一人的流亡學生，後來在杜林頭遇到以前的老師，經安排在學校當了六個月的代課老師。與此同時，辛鴻茂的父兄叔叔們也逃離了老家，幾經輾轉後一家人終於在杜林頭短暫相聚。一周後，考量到辛鴻茂已有教書謀生的能力且眼下盤纏有限，因此父親只能領著一房各一個孩子遠走東北，而二叔、三叔則避走青島，又剩下辛鴻茂獨自一人在學校。再教了一陣子後，辛鴻茂也因為共產黨軍隊占領而離開。戰亂時期，許多老百姓為了有飯可吃而投身軍旅，辛鴻茂當時也是在這樣的理由下加入了游擊軍保安團的行列，首次即面對如潮水湧入進逼五十尺的共軍，不到十六歲的少年，在排長猛踢一腳後，被迫扣下人生第一次扳機；一次又一次，書生纖細白皙的雙手，自此染紅，那血色浸潤糾纏了辛鴻茂一輩子。

挨餓、受凍的情景實際上並未因軍人身分得以豁免。前有日軍無法進城，後有共產黨圍剿，坐困夾縫的部隊，只能靠著短缺的糧食、單薄的軍服與寒冬正面交鋒，又冷又餓的煎熬，讓辛鴻茂想自戕結束殘生，但父親的叮囑「再怎麼走投無路，也不能走絕路」阻止了他。之後，隨著軍隊的移防，辛鴻茂又陸續到了青島、即墨等地，隨著部隊整編入較大的師旅，溫飽已暫且不成問題，只是好學的因子更像止不住的飢餓，適逢當時萊陽中學又在青島復校，辛鴻茂當下決定拋除軍人身分重返校園。

由於返校的學生人數過多，原本該升讀中學三年級的辛鴻茂不得已只能編入一年級。再次修習早已熟悉的課業，不免略顯乏味，爾後又遭遇校方利用學生領取救濟資源卻苛扣物資配給的事情，學生滋事抗議表達不滿卻反遭校方開除；種種不良的學習環境，讓辛鴻茂學習的期待落空，決定重返社會學習做生意的本事。

或許承繼了廚師父親的喜好，辛鴻茂落腳到青島一家頗具規模的醬園子，平日裡的工作就是買菜、洗菜、壓麵，偶爾陪老闆一夥人打牌，幫忙招呼、倒茶水，也是沒有薪餉的學徒的分內事。從少爺變夥計的身分轉變，問本該優渥一生的辛鴻茂是否因此感到難過，辛鴻茂只說：「當時心

年輕時代的辛鴻茂（辛鴻茂提供）

思裡想的都是要回家找共產黨報仇。」原來，透過同鄉口中轉知留守老家的爺爺、奶奶、媽媽已遭不測，這對當時僅有十八、九歲的少年來說，是勝過個人尊嚴千百倍的至痛。因此，即便後來獲得老闆的賞識，打算以嫁女兒留住人才承繼家業，但放不下的國難與家仇，讓辛鴻茂決定再次離去。

兵馬倥傯的年代，孤身無靠的人們能依附的多是軍隊或學校，而剛於青島復校的私立國華中學便成了辛鴻茂另一個短暫的停靠站。透過入學考試，辛鴻茂終於直升進高中部，但校方規定非煙台當地人必須自理生活，最後在沒飯吃、沒錢繳學費的考量下，辛鴻茂只能被迫放棄讀了兩年的高中課業，加入軍隊前往煙台。六個月後，東北失守，辛鴻茂憶起當年隨軍隊離開煙台時，老百姓苦苦哀求希望能上船的景象，至今依然令人心痛難受。

離開煙台又回到青島，不久之後，青島撤退的日子也來臨了，這是六月一日的端午時分，記不清在海上又度過了幾天幾夜，船隻終於停靠到基隆的碼頭，至此，四處周折的軍旅過程，終於在這南方蕞爾小島暫獲喘歇。

太平歲月的死別

見過辛鴻茂年輕時模樣的人，無不為他帥氣的外表迷倒。堂堂的相貌與知書達禮的氣質，的確吸引許多女子的青睞，但想到國家高喊的「一年準備，二年反攻，三年掃蕩，五年成功」口號，留條命回家才是最急切的盼望。只是，再深的國仇家恨也隨著實現不了的「反攻大陸」被逐漸淡忘。身旁袍澤紛紛成家立業，年逾三十的辛鴻茂仍未識得有緣的另一半，直到同事介紹了張秀月。

張秀月，一九五一年生於台南縣玉井鄉一個貧困的農家，十七歲那年，父親本打算以兩萬元將她賣出。不過賣往哪去呢？有大姊的經歷做為

妻子張秀月（辛鴻茂提供）

前鑑，秀月心裡明白那將是從此不見光的生活，因此極力反抗甚至以死威脅：「你賣掉我，我出門就死。」只是再明確的表態也無力改變缺錢的現實，同樣嫁給外省兵的表姊想起先生還有個未娶親的同事，也就是辛鴻茂，於是居中做媒撮合。「因為年齡差太遠，我本來不要她，她雖然不識字但她很大聲地講了一句話說：『我沒有嫌你老，你還嫌我小啊！』」辛鴻茂回憶道。或許是秀月的篤定給了辛鴻茂勇氣，竭盡積蓄並向叔父借款，才湊齊可買二棟房子的兩萬元鉅款，順利將秀月迎娶回中壢。

對於秀月來說，嫁人或許只是不得已的替代，會有怎樣的婚姻生活，抑或被這個如陌生人的老公給轉賣，都是不敢預想的未來。因此，當辛鴻茂隆重以待地張羅婚禮，甚至拍了當時還很少見的婚紗照，秀月在成婚當晚，淚如雨下，辛鴻茂問原由，秀月說：「我沒有想到是這樣。」心中那塊巨石卸下，化為日後幸福的基石。

婚後的生活，辛鴻茂不同其他軍人老公獨攬經濟大權，而是將每個月的薪俸悉數交由秀月打理，家中事也由兩人共同做主，甚至無意間得知兩人辛苦存的錢被倒會盡付流水，辛鴻茂不僅沒動怒，還不斷安慰驚恐的秀月，這全然的信任，讓她更辛勤持家，數年後拿出十七萬買房，辛鴻茂說這個房子、這個家，是秀月一手存出來的。

一九七八年，國家軍隊精簡，辛鴻茂被迫從軍隊退役，先到南崁的紡織廠工作，因為工作太忙且薪資條件不夠優渥，後來才又轉到製作餐具的鐵工廠。數十年的工廠職涯，辛鴻茂一路從副領班當到組長，最後工廠因為成本考量移往菲律賓。當時老闆一直希望辛鴻茂可以過去幫忙，但考慮到秀月一人照顧三名幼兒的辛勞，更擔心在講究軍階輩分的社區裡，母女們可能吃虧又沒個依靠，因此還是決定以照顧家庭為重，而那段工匠歲月的記憶則轉換成各類餐盤鍋具，至今仍使用著。

至於秀月，也跟那個年代的眷村媽媽一樣，為了貼補家用，總是要在繁忙的家務之外再找些家庭手工的活。本來先是在家做鞋子的縫製加工，爾

在鐵工廠的工匠歲月留下的鍋碗瓢盆。（張榮隆攝）

後，透過徵人廣告於一九七六年進入RCA廠工作；為兼顧家庭，也只能利用辛鴻茂下班接手家務後，上五點到十一點的小夜班。秀月因不識字，一開始只能擔任小電視的包裝工作，後來再轉做沒人願意去的電路板焊錫，經年累月接觸化學物質卻不自知。

縱使每日家務工作兩頭燒，秀月兩隻眼始終緊盯女孩的功課，要她們讀好書找好工作，將人生的舵牢牢握在手上，走出有別於母親的路。同時秀月也將辛鴻茂照顧地妥妥當當，辛鴻茂出門往衣服口袋一摸，連零錢都放好了。「她跟我活的二十三年當中，沒有吵過嘴、沒有拌過嘴，有紅過臉，但是她看到我臉不太好看，她就不講話，這很難耶！」對秀月聰慧與體貼的滿足，全寫在辛鴻茂臉上。夫妻倆就這麼胼手胝足地打造出一個緊密依靠的五口之家，也讓漂泊半生的辛鴻茂終於有了足以依靠的家，直到病魔降臨。

一九八七年，在RCA工作了八年的秀月身體開始出現不適，眼睛、耳朵、喉嚨等處陸續出現些小毛病，雖然總是過兩天就沒事，但就這麼反反覆覆地，即便檢查也始終找不出病因。期間，秀月仍持續在RCA廠房工作，也繼續飲用不知含有多少重金屬污染的地下水。一九八九年，身體依然微恙的秀月在台大醫師的診斷下，愕然發現自己罹患了鼻咽癌二期。從此秀月進入漫長痛苦的治療期，醫療帶來強烈副作用，持續反胃無法進食，鈷六十掃過的秀髮無一倖免。這段期間辛鴻茂辭去工作，陪伴秀月就醫吃藥治療，看顧三個求學階段的女兒，這個家由他一肩擔起。他在日記中這麼寫著：「到發現為不治之症後，兩人同時辭工，我負起全部家務事，侍湯餵藥陪往病院，此期間不是病痛而是兩人的心痛，每到夕陽西下時，兩人坐於院外鐵路旁，淚下如雨，刀絞雙心……」

治療半年後，找不到癌細胞，全家以為康復了，為此秀月很高興，提議拍張全家福做為慶祝；但這不是童話故事，沒有happy ending，當癌細胞捲土重來之際，殘虛的軀體已不是每日數千元一瓶的高價草藥可以修補的。從罹癌到離世，老天爺並沒有給秀月多少時間。

憶起最後一次住院，辛鴻茂言詞中滿是憤恨與不捨。因為藥物影響胃口，已經長時間沒能正常進食的秀月更顯虛弱，情急下，辛鴻茂決定帶她回院打針補充營養。無奈醫院基於管理本位，認定沒有退伍證就不給入住，好說歹說，就算求一個急診室的臨時床位也不可得，當時交通不便，往返一趟要近四小時，妻子孱弱的病體怎堪這般折騰——醫院不是救人的地方嗎？一條命如紙薄？憤怒無助的他跟醫生吵了起來：「我拿到證件我會殺了你！」一位以知書達禮、學養豐富、自持自重的讀書人，被逼得撂下狠話。這只是諸多不公不義的開端，忿忿不平的辛鴻茂最後只能無奈地帶回秀月，隔天返回醫院、住院治療一周後，秀月於一九九〇年四月十七日告別了親愛的丈夫、女兒。辛鴻茂就此失重直墜深淵……

我當時沒想到會活到現在，她剛死的時候，長達一年多每天都頭昏昏的，我當時在迴龍公車，頭昏了一下就栽下去了，有人扶我，他問我有沒有怎樣，我說沒怎樣，當時也吃不下飯，像無頭蒼蠅，到處跑。

我差點沒瘋掉，那時小孩一個上工專，一個國中，一個高中，要不是那時三個女孩都還在讀書，我真的想自殺……是她交代要我把這三個女孩帶大，所以不管有多少困難辛苦我都要撐過去。

深理地底的正義

處理秀月的後事時，辛鴻茂發現秀月十一年的勞保年資，被縮減為三年；他拿著秀月因工作達五年表現優異獲頒的獎狀，要求公司講清楚，被質問的台籍幹部竟表示因秀月腿傷請假，依規定年資需重計。咦？RCA不是福利好薪資高，眾人擠破頭的高級外商公司嗎？怎會這樣對待死亡員工？因自己無權無勢才遭這種對待嗎？辛鴻茂很憤怒質問幹部，不可吃美國米拿美國錢就當美國走狗欺負自己人。

直到一九九四年RCA桃園廠的污染案件被揭發前，辛鴻茂其實從未想過秀月的病跟她長期處於高污染環境有關。他記得秀月罹病時，醫生曾說過環境、遺傳及營養與生活習慣是罹患鼻咽癌的四個主因。辛鴻茂想，婚後生活雖稱不上富裕，但家裡的飲食也從未缺乏，且雙方親屬也未聽說有人罹患此類疾病；再回想起當時秀月的工作環境，除了缺乏管理外，手套等物品都是前一班用過的，有時候晚去了還沒有東西可用，維持空氣循環的抽風機經常損壞無法運作，特別是那被宣告遭受高度污染的地下水，正是秀月長年飲用的水源。

想通這之間的關係後，亟欲幫老婆討回公道的辛鴻茂，單身匹馬直闖RCA大門，等了好一會，高高在上的外商代表，表示自己不會講國語，辛鴻茂就用苦學多年的英文跟他應對，代表不斷地以英文陳述工廠的環境是如何合於標準與優良，並且認定員工罹病與工作環境毫不相干，說秀月的病是家族遺傳。最後辛鴻茂自己寫狀子找律師狀告RCA公司，狀中提及秀月工作情形、發病始末、醫師對病因的判定、病因與RCA污染的關聯等，條理分明、字簡意賅，卻因RCA早已撤廠而石沉大海。

一九九七年，RCA桃園廠員工開始籌組自救會，透過報紙獲知此訊息的辛鴻茂主動聯繫申請加入，並積極參與抗爭行動。對於有些年歲的他來說，往返桃園台北一趟要耗去不少體力，但他仍成為場場活動都出席的抗爭主力，從孤軍奮戰到並肩作戰，或許溫暖但不從眾。

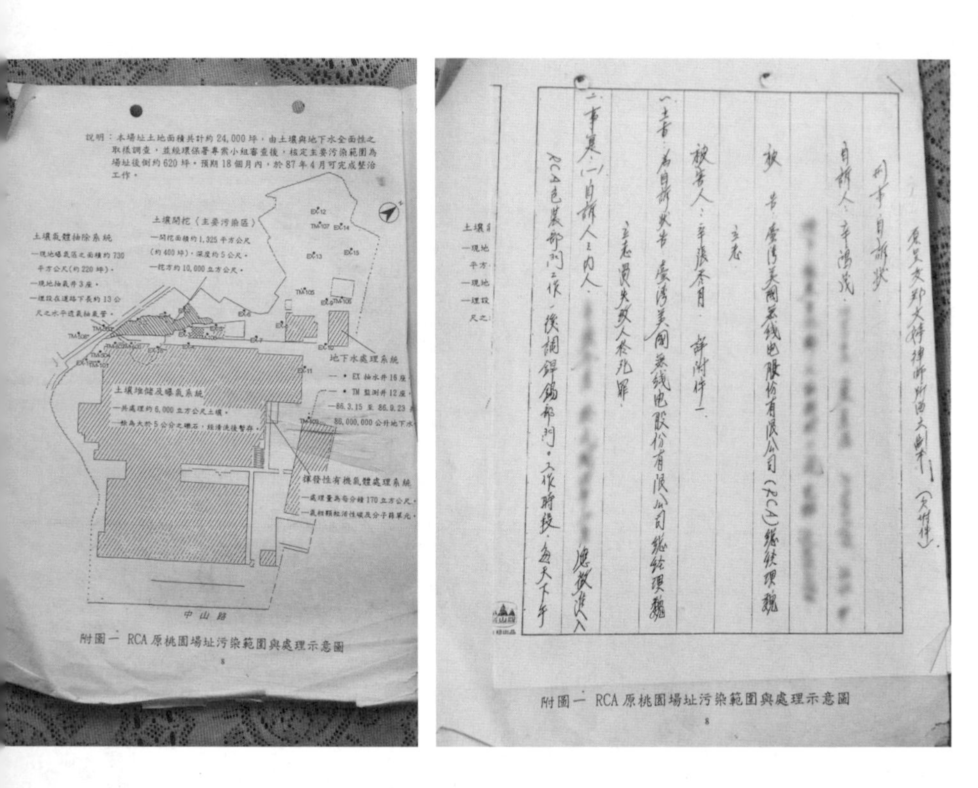

辛鴻茂自己手寫訴狀找律師告RCA公司。（張榮隆攝）

問他所爭為何，老人家凜然而言：「我不要賠償、我不要錢，多少我不在乎，希望國家能有所表示，讓這些死去的人能得到正義，國家要把這件事公開，承認錯誤，別讓這些人死得不明不白。」

現在，辛鴻茂生活規律，每日定時讀書、寫書法及運動，與出嫁的女兒一家同住，照顧稚齡孫兒；雖有伴，卻也是分責任。子孫輩始終對這場戰役淡漠以對，辛鴻茂年歲已高，人生歷經無數生死交關的戰役，就這場戰打得最久，一打便是十五年。不諱言，辛鴻茂也曾感嘆關懷協會的會議與活動一場接一場，沒完沒了，這場

辛鴻茂參與2012年職業安全衛生法修法行動。（張榮隆攝）

馬拉松要跑到何時？那早逾齡未退的雙膝走得實在辛苦，但談公益談正義——又或者什麼都不談，就談秀月吧——秀月啊秀月，怎麼放得下？怎麼捨得放下？

走過八十多個年頭，泰半歲月都是一人獨自與命運奮戰著。面對這樣的人生處境，辛鴻茂總悠悠地說：「這應該是對我當年殺死太多共產黨的報應。」如此喟嘆，與其說是埋怨，更多其實是看重自我及他人生命價值的懺悔。如今，走過烽火戰亂的流離，棄筆從戎的無奈，獨自理家的茫然，面對諸種不公不義，辛鴻茂從不隨波逐流，不低頭不妥協，你看得見，他一心一意向高處騰躍直上的光芒。

「半個流亡學生、一個二等榮民」是辛鴻茂為自己一生經歷的註解，而讀書人及戰士的精神似乎也早已融入他的生活與體內，化成每日勤勉自學與對抗爭的行動支持，持續閃耀著。

註1——原為村長，國民黨接管後改採保長制，十家互相連保，連坐確保彼此不能犯罪、不得有共產黨身分。

後記

文／張偉瑜、江世安

書桌上躺滿書法練帖，另一端時下最夯的 i-pad 在充電。國旗與勳章與獎狀布滿家中顯眼處，但斬釘截鐵要政府對RCA事件給交代。從文史哲、語言、政治、到數理工藝驚人的藏書，沒有養成文人的輕軟酸腐，面對不公不義，他一路挺身力抗。辛鴻茂，不落俗套，不受框架。

從絮絮叨叨來台前因戰爭的流離失所；到與秀月相扶持至陰陽兩隔，悲喜憂愁交雜巡梭臉上，從黑髮黑瞳到花甲之年，「家」是他的命脈，一路尋一路失，「沒有國哪有家」，國家開給老百姓的承諾呢？怎麼政府聳立如巨獸，羽翼下的家卻東倒西歪？這筆人生的總帳找誰算去，政府！你是該給個交代！

秦祖慧

對秦祖慧而言，參與 RCA 抗爭已不是為了爭取自己的權利；經過十幾年來的抗爭，她認為單單要求 RCA 彌補職業傷害已經不再足夠，而是需要更進一步改造社會，呼籲政府及社會重視勞動者的生存與環境保護。祖慧認為自己不只是個職災受害者，更是社會運動的運動者，她上街頭抗議不能只是為了個人，而是要追求整體社會的公義。

1957年	在台南出生
1972年（15）	進入RCA，於三廠擔任選台器維修員
1974年（17）	因訂單縮減被RCA公司裁員，離開桃園回到台南 身體已出現出血症狀，在台南任編織學徒
1979年（22）	醫院告知不適合結婚、懷孕，與男友分手 考慮就醫便利性，重回RCA
1991年（34）	確診罹患紅斑性狼瘡
2007年（50）	診斷為乳癌二期
2010年（53）	為RCA訴訟案出庭作證

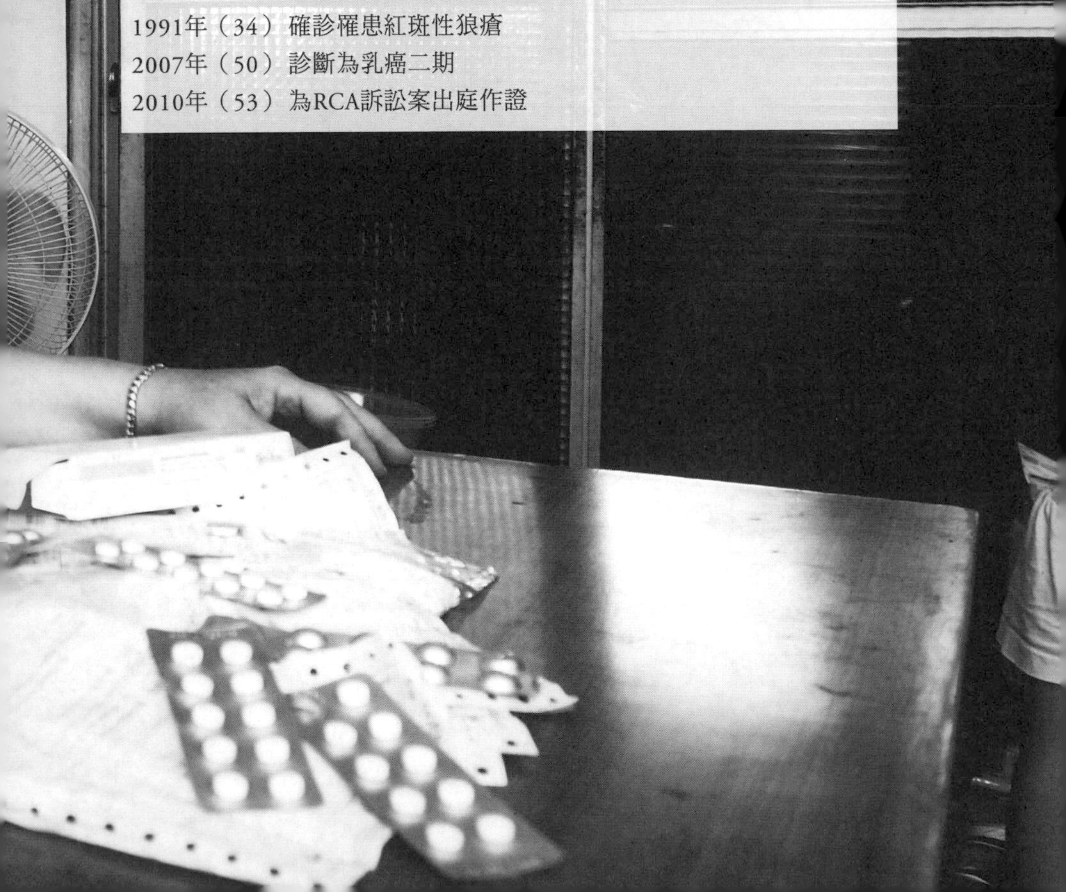

採訪資料：

第一次訪談
時間：2011月8月26日
地點：桃園縣八德市麥當勞
訪員：黃德北、利梅菊、羅士翔、王鈞瑜

第二次訪談
時間：2012月8月29日
地點：桃園縣桃園市IKEA餐廳
訪員：羅士翔、曹寶文、鄧筑媛

文字整理：羅士翔

秦祖慧自十七歲始受各種疾病侵襲，從心包膜積水、腎臟發炎、腎積水，和緊接而來的心絞痛、關節炎。一九八七年祖慧才三十歲，已經動過膝蓋、脊椎手術，然而醫生始終查不出身體病痛的原因，反而認定祖慧有輕度的精神疾病。病歷上寫著「精神官能症」。對祖慧來說，病痛如此真實，醫生怎能因為診斷不出原因而武斷認定她有精神官能症，這五個字對她而言，是很諷刺的醫學名詞，令人無法接受。

一九九一年，祖慧三十四歲，時而生病時而住院的情況，讓她無法穩定從事一份工作。這回，祖慧因為發燒在醫院吊點滴，透過朋友的介紹，來到馬偕醫院風濕免疫科檢查，這次的檢查終於確認了她十幾年來身體各種病痛的原因——紅斑性狼瘡。這種慢性的自體免疫疾病，讓患者身體的不同器官都可能受到影響，這解釋了為什麼她身上有這麼多種類的病痛。

面對疾病，祖慧不曾懷疑RCA的工作環境可能造成發病。直到一九九四年，RCA工廠土壤與水源的污染被揭露，她才懷疑那喝了十年的水，可能是引起紅斑性狼瘡的元凶。醫師告知祖慧，紅斑性狼瘡跟工作、環境、飲食有關，進入RCA之前，她沒有任何病狀，家族中也沒有紅斑性狼瘡的病史。祖慧從沒想過，工作待遇相對人性化的RCA工廠，竟是造成她十幾年來身體大小病痛的主因。

二〇一〇年四月十四日，台北地方法院民事第二十三法庭，祖慧在這場歷時多年的RCA訴訟中以證人身分出庭，她告訴法官以及RCA的律師，她身上的紅斑性狼瘡是RCA的工作環境所誘發。又過了三年，訴訟進展仍然有限，對祖慧來說，除了希望能看到訴訟有令人可接受的結果之外，也希望能讓政府更加重視工作環境污染對勞工造成的傷害。她不能接受政府既已經認定RCA廠址有土壤與水的污染，至今無法回復，撥出大筆整治經費，為什麼不願意正視RCA工廠所造成的人體傷害？

十六歲的RCA女工

小時候，祖慧的父親和朋友合夥組了公司，專門做折疊腳踏車零件，外銷到日本跟西德。祖慧念小學時，暑假還會到父親的公司打工，幫忙做零件。在祖慧國二的時候，傳來父親公司被掏空的噩耗，負債了三、四百萬，瀕臨破產邊緣，家中的經濟狀況突然有了破口。父親告訴祖慧與大姊祖萍，哥哥是家中長子，有養家的責任，要讓哥哥繼續求學。父親的意思是讓兩姊妹知道，讀完九年的義務教育後，兩人就要開始負擔家計了。

一九七一年初期，RCA剛來台設廠，祖慧的父親在報紙上看到RCA可以提供員工免費的住宿，同時也提供建教合作的工讀方案——員工可在學校工讀，學雜費由公司補助一半，另一半從薪水按月扣。大祖慧一歲的姊姊祖萍因此比祖慧早一年離家到桃園RCA工廠，那時候RCA有專人和大型的遊覽車到各地就業輔導中心，坐滿一車就直接載往桃園。而祖萍離開家的那一幕，是祖慧永遠無法忘記的影像——姊姊拖著兩個大皮箱，費了很大的力氣，才把皮箱拖上北上的遊覽車。看著大姊進入RCA，她知道自己也將是跟大姊一樣的命運了；父親當時告訴祖慧，只有考上台南第一志願省立台南女中，才有機會再繼續念書，然而同時，父親仍讓沒考上第一志願的哥哥繼續升學。於是國中畢業後，祖慧就跟著大姊的腳步，來到了桃園的RCA工廠。

其實對於祖慧來說，離開家是件快樂的事情。父親性格嚴謹，對於兄弟姊妹的管教很嚴格，祖慧國中的時候為了紓解聯考壓力，跟著朋友騎著四十分鐘的腳踏車到農田去烤地瓜，擔心被爸爸發現而撒了謊，被拆穿後，父親大怒之下竟用皮帶抽打祖慧。五個兄弟姊妹裡，只有祖慧敢於挑戰父親在家裡面的權威，違逆父親的意思，這樣的反抗屢屢換來身上的皮肉痛。離家讓祖慧自認像是飛出籠外的小鳥，終於可以獲得自由，儘管必須分擔家中的經濟困境，但正值青春年華的祖慧也正期待著脫離家裡的束縛。

祖慧十六歲來到桃園RCA，開始在三廠工作，擔任電視選台器的維修員，修理整條選台

在RCA工讀時期的秦祖慧。（秦祖慧提供）

器生產線上的不良品，以及更換不良的零件。工作上她常需要用到烙鐵、焊錫，也會接觸到清潔用的有機溶劑。這段期間，RCA會隨著訂單量來聘雇員工，而所謂的「員工」是老闆可隨時終止合約的臨時工。當RCA需要增加生產線人力的時候，工廠會大量徵人；一旦訂單作完，為節省人事支出，工廠馬上就會開始裁員。十八歲不到的秦祖慧，也是以臨時工的身分成為RCA女工的一員，祖慧記得自己在這段期間就曾經兩度遭到裁員。

一九七四年，祖慧再次因為RCA訂單量減縮被裁員，她於是決定離開桃園回到家鄉台南。祖慧回到台南後，由於還是有家計的負擔，並沒有回到校園繼續學業。祖慧開始當編織的學徒，希望以後能靠此來掙錢，編織毛衣兩年後，她進入了另一間做活塞的正道公司，負責車床的工作。某日上班時，祖慧突然感到胸口疼痛，甚至休克昏倒，被送往當時的逢甲醫院（即台南奇美醫院）。檢查後，醫生診斷出有心包膜積水，但醫生並不清楚為何祖慧會有這樣的症狀；自此以後，祖慧就開始有一連串的、持續的身體上的病痛，包括腎臟積水、腎臟炎，當時她看遍台南大大小小的醫院，都查不出身體是出了什麼問題。

一九七九年春節，秦祖慧二十三歲時，又因為老毛病再次來到醫院報到，她告訴醫生她過完年打算結婚，結果醫生告訴祖慧，以她的身體狀況，並不適合結婚。醫生表示她在婚後懷孕的過程當中，孩子還沒有正常足月生產，她自己就會因為妊娠中毒，而有喪命的風險。對祖慧來說，醫師這樣的消息有如晴天霹靂，在她的觀念裡，女子結婚就是要孕育下一代，既然要結婚，沒有自己的孩子，沒有辦法孕育下一代，又何必要結婚呢？

醫師的診斷讓祖慧不得不改變她的人生規畫，一方面祖慧希望能夠再找更高明的醫生，找到身體疾病的主要原因；然而，祖慧也不想耽誤當時的男友，讓男友等待她，於是祖慧決定不告而別，來到了北部。

在台南的這段時間，一起從RCA回到台南的姊姊，因為身體非常不好，收入不如父親預期，父親對姊姊十分不滿，父親的敵意形成對姊姊的精神虐待，只要每個月到了姊姊薪水入帳的時刻，父親總是對姊姊百般刁難。祖慧無法忍受看自己姊姊這樣被對待，決心要和姊姊一同出走，於是，祖慧和姊姊再度來到了RCA的大門前。

重回RCA的生活

祖慧記得，再回到RCA是一九七九年的二月二十八日。當時要到四月五日才能領薪水，原先存下來的錢扣掉買生活用品，大概只剩下兩千元左右。祖慧記得，那段時間相當辛苦，兩人都得省吃儉用，買一份餐必須兩姊妹一起分著吃，有時候兩個人共吃十五顆水餃、一碗酸辣湯，或者一碗泡麵兩個人分，這樣熬下來。

祖慧回到RCA，不只是為了多賺點錢，同時也是為了能夠接受更好的醫療。一九七八年林口長庚醫院成立，祖慧心想，如果來到桃園工作，便可以就近到這間新成立的醫院看病。同時，祖慧離家之後也有另外一個目標：對婚姻不抱有期待的祖慧離開男友之後，決定要重回校園多讀幾年書，她知道，以後還是得靠自己來養活自己。

一九七九年到一九八七年間，祖慧在RCA依序待過了三廠、二廠與一廠，回到RCA之後的前三、

1987年，秦祖慧（左起第四）、秦祖萍（左起第三）參加RCA舉辦的五一勞動節南橫之旅。這是秦祖慧服務期間，最後一次參加員工旅行。（秦祖慧提供）

四年，祖慧仍然從事十六歲初到RCA時的工作——待在三廠維修選台器。一九八二年、一九八三年間，她轉調到二廠的二十四站負責測試的工作。這段時間祖慧上小夜班，白天則回到高中就讀，拿著學校與公司的獎學金，在半工半讀的狀況下，終於完成了高中學業，並在一九八五年考上二專。

當時祖慧原有機會繼續以日間部學生的身分就讀二專，但RCA此時也提供她調職至一廠工程部的機會，對於祖慧來說，調到工程部是一個很難得的機運。尤其祖慧是從最基層的線上作業員開始做起，她很高興自己的工作能力受到公司的肯定。但是工程部都是日班，如果調工程部，祖慧將無法念日間部的學校。幾經考量之後，祖慧決定轉調一廠工程部，白天上日班，晚上念二專夜間部。一九八七年，三十歲的祖慧離開RCA到下一個公司時，已經拿到了二專的學歷。

回到RCA工作的這段期間，祖慧的大哥正在當兵，父母也漸漸老邁，於是祖慧與祖萍兩姊妹合力分擔家計，負擔弟妹的大專學費並償還家中債務。那段時間祖慧很賣命工作，平日白天上課，晚上上小夜班，寒暑假白天不上課時，她就到餐廳去打工，也曾經到果菜市場幫忙運送蔬菜。

由於RCA的小夜班是十二點下班，有時候會加班加到凌晨，祖慧趕完工作後，會在清晨

五、六點到縱貫路上桃園農工陸橋邊的果菜市場，拖南部運送上來的蔬菜。祖慧對此有很深刻的印象，菜籃很重拖不動，老闆就給一個勾子來拖，拖一籃菜五十元，並不算多；可是她那時候很高興，因為可以現領現金，不用繳稅。

在RCA工作的這段期間，祖慧也來到長庚與榮總就醫，想瞭解身體的病痛，然而八年來祖慧持續的門診，身體的狀況仍然跟在台南的情形一樣，甚至出現更加嚴重的症狀。從心包膜積水、心絞痛到腹膜炎、腎臟發炎、出血，也出現過關節炎；祖慧這八年住院超過三十次，並動過三次手術，兩次動在膝蓋、一次動在脊椎，做脊椎手術的過程當中，醫師也特別抽取了她的脊髓液作檢驗，但是都沒有發現有什麼異常。

最後，醫師直接在祖慧的病歷寫上「精神官能症」。祖慧很不平，她認為自己生病是事實，醫生查不出病因來也就算了，怎麼能夠說是精神官能症，精神官能症對祖慧而言是很諷刺的醫學名詞，當時她想說既然查不出，也就不要再看了，也停掉了服用十幾年的類固醇。

離開RCA之後，祖慧靠著在RCA工程部所學，到另外一家公司擔任研發工程師。新公司待遇比RCA好，然而紅斑性狼瘡（當時祖慧也還不清楚自己是紅斑性狼瘡的患者）引發的身體病痛仍持續傷害祖慧，因為病痛與就診的需要，她不能穩定上班，也讓她無法在同一工作地點久待，更發生過主管因為祖慧的疾病而將她解雇。之後，祖慧當過研發工程師，也曾開過平價購物中心，到夜市擺攤，批發檳榔，也開過小吃店。

這段時間，祖慧繼續與身體的疾病博鬥，一九九一年的一次發燒感冒，在朋友的建議下，她來到馬偕醫院風濕免疫科檢查，醫師告訴她，要做一項很特殊的檢查，自己付費，還要自己送檢體到台北榮總。十天後，檢查結果出來，證實祖慧有「紅斑性狼瘡」。原來，紅斑性狼瘡就是過去十幾年，引發祖慧身體大大小小病痛的元兇。

紅斑性狼瘡是一種慢性自體免疫引起的風濕疾病，身體的器官因為免疫系統的失調而造成的慢性發炎。醫學研究還不清楚引發紅斑性狼瘡的原因為何，一般認為可能是遺傳、環境因素、女性荷爾蒙或者是藥物等交叉影響而來。

祖慧不清楚自己為什麼會有紅斑性狼瘡，家族成員並沒有紅斑性狼瘡的病史，她只能依照醫生指示，乖乖就診。直到一九九四年無意間得知有關RCA污染關廠事件，祖慧才了解RCA工廠那塊土地已經被污染，水也被污染了；突然間祖慧心裡面一個悸動，想到自己前前後後喝了RCA那裡的地下水喝了十年，猜想紅斑性狼瘡是不是因為自己身體受到工業污染才引起的？當醫師明確告知她，遺傳因子之外，環境因子是醫界認為紅斑性狼瘡的致病機制之一，祖慧心中的疑惑漸漸解答。祖慧認為，這十年在RCA聞到的空氣、喝下的水，一點一滴累積，引起體內的紅斑性狼瘡，讓她成為家族中唯一一位患者。

2010年，秦祖慧出庭作證，述說一生與疾病為伍的歷程。她與姊姊祖萍幾乎出席了每場開庭。（張榮隆攝）

積極參與各場抗爭活動的祖慧。（工傷協會提供）

祖慧自一九七四年十七歲開始發生身體上的病痛，直到一九九一年才確知自己是紅斑性狼瘡的患者，醫學專家們無法回答究竟是什麼造成紅斑性狼瘡發作，十七年來祖慧也不知喪失多少次接受治療的機會？祖慧的前半生，從南到北找尋自己身體病痛的祕密，當RCA污染的訊息傳開，答案才逐漸明朗——RCA工作現場的污染是對於紅斑性狼瘡、這糾纏自己一生的疾病最有可能的原因。

從受害者到行動者

對祖慧而言，參與RCA抗爭已不是為了爭取自己的權利；經過十幾年來的抗爭，她認為單單要求RCA彌補職業傷害已經不再足夠，而是需要更進一步去改造社會，呼籲政府及社會重視勞動者的生存與環境保護。祖慧認為她不只是個職災受害者，更是社會運動的運動者，她上街頭抗議不能只是為了個人，而是要追求整體社會的公義。

祖慧這樣的自我認知，也展現在她參與RCA員工關懷協會會務的行動：她在正式會議上，支持將訴訟所得之賠償，提撥更高比例為公益基金，並關心會員在訴訟中的既有分組，是否能符合他們現實中的身心受害情形。她也在乎協助RCA關懷協會的組織工作者的收入能否無虞，而在大會上提案讓會員們關注討論。

對於大小病痛與癌症纏身的運動者而言，意識到並積極主張與自身權利無關或甚至可能減損自己利益，並不是件容易的事情。祖慧認為追求公義的急迫性遠勝過自己的利益，這點我們也可從祖慧的一次求職經驗看出來。如今，在台灣的就業市場上，身體長期有病痛而且年齡也超過五十歲的祖慧，已經沒有太多機會獲得資方的青睞，只能靠教會、朋友的接濟過活。幾年前，祖慧有機會獲得桃園一所國中的工作，然而，當祖慧知道同去求職的另有一名肢體障礙的大學夜間部學生，便放棄了這份本可透過關係順利取得的工作，讓這名學生可以順利獲選，只因為祖慧認為：「不能讓這個年輕人初入社會就受到不公平待遇，而對這個社會絕望。」

祖慧的抗爭性格使她在不同的結構與團體都處於邊緣的位置，而必須時時刻刻堅強奮鬥，或許正因為祖慧能體會邊緣的苦，而不想更多人身陷痛苦。近年來，祖慧透過教會培訓，開始到少年監獄、少年觀護所擔任教會布道的志工，協助弱勢的青少年走出迷途。除了RCA之外，協助更多的非行少年成為祖慧此刻最重要的生活目標。

十年的RCA工作換來四張重大傷病卡，從街頭到法庭，從資方到政府，對於身體的病痛，還沒有人能給祖慧一個可接受的回應，而對於社會公義，祖慧也還頑強地站在戰鬥的位置上。

祖慧、祖萍姊妹都是虔誠的基督徒。罹病後的日子，讀經、上教會是她重要的力量來源。（張榮隆攝）

後記

文／利梅菊

對ＲＣＡ的最初印象，是媒體播報桃園ＲＣＡ廠區土地污染，恐將永久不能使用的訊息，心裡只想到要排除購買桃園的農產品。後來因為家庭遭逢變故，根本無心關注社會事。再聽到ＲＣＡ的訊息是多年後，透過工傷協會的活動，才重新瞭解ＲＣＡ事件。

在抗爭場合認識祖慧，只知道她渾身病痛，此次陪訪對她多了一些認識，原來祖慧的抗爭性格是與生俱來的，難怪她拖著病痛也要站出來戰鬥，希望取得公義。

多年來工傷協會協助、陪同關懷協會至各部會（例如勞委會、立法院等等）訴求職業病認定，因協會人員散布全國，每個人條件不一，祖慧除了身體因素外，地理條件尚在北部，也勤於參加行動，但是對於協會非主流的訴求行動還是信心不足，其他甚少或不曾參加的會員更不用說。這跟協會協助的某些個別工傷者雷同，不管協助者如何解說他應有權益，還是要聽過律師說的才安心。其實不是不能理解他們的擔憂，只是感覺有些難過，工傷協會由工傷者組成，資源有限，成立二十年來服務、協助的案例無數，還推動職保法立法，促使政府制訂過勞、職場精神疾病認定指標，但比起所謂的專家還是不易受到信賴。沒有專家頭銜的光環加持，要讓工傷者（當然含ＲＣＡ會員）相信集體與組織的力量，我們還是要再加把勁。

文／羅士翔

祖慧厭惡不義、好打不平，在ＲＣＡ案大小會議上，總可以看到祖慧積極參與的身影。二次訪談，將近八小時的訪談過程，我們總隨著祖慧的話語，飛到祖慧所看見的各種不公不義，以及她的抵抗，而不只是ＲＣＡ案的抗爭經歷。

看著祖慧依著她的正義觀，積極主張可能跟自己利益相違背的事情，心中總對祖慧有些敬意，但有時不免想著，也許祖慧可以走一條更不會受傷害的路，但我知道那不會是祖慧要考慮的事情。很幸運地能有機會訪談祖慧，我看見的不只是一位ＲＣＡ女工的受害經歷，更是一個堅毅女子默默用生命爭取公義的故事。

儘管，因為工作關係，我已很少有機會接觸ＲＣＡ案的進展，但每隔一段時間，總會在不經意的時刻聽到朋友捎來ＲＣＡ案的消息，ＲＣＡ沒有離開我，也沒有離開這塊土地，仍在某種時刻提醒著我們這裡曾經發生，也仍在繼續發生的事情。

盧 鳳 珠

在那個窮困的年代，很多學生會尋找打工的機會，多是為了貼補家用，鳳珠也不例外。爸媽每個月賺來的錢扣掉房屋貸款，能用的所剩無幾，讓鳳珠為家裡的經濟狀況擔憂。鳳珠心想，半工半讀多少能夠補貼家用，也能支付學費減輕家裡負擔，就與五、六位同學相約一起去工廠工作。就這樣，鳳珠 1978 年開始進入 RCA 工作，過著白天上班，晚上讀夜校的高中生活。

1963年　在台中出生
1979年（16）進入RCA
1981年（18）父親車禍離世，鳳珠開始兼兩份工作
1982年（19）發現乳房腫瘤，切除部分乳房
1989年（26）離開RCA
1992年（29）結婚
1993年（30）女兒出生
2000年（37）加入RCA員工關懷協會

採訪資料：

第一次訪談
時間：2012年10月30日
地點：工傷協會
訪員：林晏臣、林昭宏、賀光卍

第二次訪談
時間：2012年11月15日
地點：鳳珠家
訪員：林晏臣、林昭宏

第三次訪談
時間：2012年12月20日
地點：鳳珠家
訪員：林晏臣、林昭宏

第四次訪談
時間：2013年2月18日
地點：工傷協會
訪員：林晏臣、林昭宏、賀光卍、張榮隆

文字整理：林晏臣、林昭宏、賀光卍

盧鳳珠，一九六三年出生在台中，排行老大，底下還有小七歲和五歲的弟弟與妹妹。從小和祖父母三代居住在台中東勢林場深山中的四角林，利用家中附近幾塊零碎的田地，種一些蔬果，除了自食用，也會帶下山用以物易物的方式，換一些新鮮的肉品回家。

國小時，從山裡的老家要走兩小時的山路、跨過兩條河，才能到達學校。為了讓鳳珠有比較好的學習環境，爸媽帶著她搬離老家，到台中的東勢鎮租房子，弟妹就留在山上讓爺爺奶奶照顧。當時全靠爸媽辛苦打零工維持家計，他們曾在砂石場上班；水果產季來臨時，他們就到別家果園幫忙，把水果運下山賣，產季過後再找別的零工。才國小的鳳珠，每天在家燒木柴、架設小火爐，煮好晚餐的白飯，等著爸媽下班回家。

因為打零工的收入並不穩定，鳳珠的姑丈便介紹爸爸到台中烏日的鐵工廠上班，媽媽也找到紡織廠的工作。爸爸在鐵工廠的工作雖然穩定，但賺的都是血汗錢，每天要將鋼鐵的材料送進鎔爐裡，再把熱軋的鋼材冷卻分段，一天工作下來，總是弄得一身髒，體力也幾乎耗盡。媽媽常會帶著鳳珠到鐵工廠接爸爸下班，回到家，勞累一天的爸爸還是會逗逗她，非常疼惜這個女兒——這些畫面總留在鳳珠的腦海裡，心疼爸爸的辛勞也感受到那深摯的愛。之後鐵工廠到桃園開了分工廠，老闆將幾位好的師父帶過去工作，爸爸也分配到桃園的工廠上班。不久後，全家也一起搬到桃園居住，在鳳珠國三時，家裡用貸款買下一間房子。媽媽在家裡開一間小雜貨店，爸爸在鐵工廠下工以後還得幫忙補貨，就這樣，靠著爸爸的薪水和雜貨店收入，支付了生活開銷和每個月兩千多元的房貸。

在那個窮困的年代，很多學生會尋找打工的機會，多是為了貼補家用，鳳珠也不例外。爸媽每個月賺來的錢扣掉房屋貸款，能用的所剩無幾，讓鳳珠為家裡的經濟狀況擔憂。國中畢業那年，著名的RCA公司需要大量的員工到生產線上工作，於是和學校建教合作，到鳳珠的學校宣傳招募人力。鳳珠心想，這樣的半工半讀多少能夠補貼家用，也能支付學費減輕家裡負擔，就與五、六位同學相約一起去工廠上班。但父親堅決反對，他不希望鳳珠吃苦，認為家裡又不是沒有能力扶養兒女。後來因為朋友們到家中說服爸爸，表示同學間會彼此照顧，才終於答應讓鳳珠去RCA工作。就這樣，鳳珠一九七八年開始進入RCA，過著白天上班，晚上讀夜校的高中生活。

鳳珠在RCA工作的第三年，高三畢業檢定考的前幾天，爸爸騎機車回家補貨的途中出了車禍，被人撞進田裡，因失血過多，急救無效而逝世。摯愛的父親就這樣走了，肇事駕駛逃逸，找不到人賠償，家裡也只能拿到勞保的十九萬，雖然十九萬在當時不是小數目，但喪事就花費了一大筆錢，錢也總有用完的一天。父親的過世無疑地造成了家庭的劇變，鳳珠眼看家裡的大支柱瞬間垮了，主要經濟來源也沒了，所以她決定高中畢業後，夜晚也兼份工作以填補因父親過世家中的經濟空缺。於是除了白天RCA的工作，她先後還做過舞廳接線生、期貨公司總機小姐和飛龍熱水器會計等兼差。

十九歲那一年，在RCA的工作邁向第四年之際，鳳珠突然感覺胸口疼痛；剛開始一陣一陣，後來演變成久痛不止，她才決定去醫院做檢查。檢查結果發現，她的乳房長了一顆腫瘤，若不切除就會持續惡化，未來將有生命危險，在沒有別的選擇餘地下，鳳珠只能切除乳房。手術後，醫生說有了一個，就可能再有第二個，往後也要繼續回醫院追蹤檢查，以確保不再復發。

兩年間，先是爸爸的離世，之後身體又莫名地檢驗出腫瘤，威脅到她的生命。短時間遭遇這些人生風暴，鳳珠在心裡暗自決定，從此不結婚，趁還活著，有體力就盡量賺錢，早點還完貸款，讓還在讀國中的弟妹至少能讀到高中畢業。

在RCA的日子

在RCA工作的待遇，相較之前的打工高出不少，廠房大了許多，環境也相對整潔。由於過往的許多打工經驗，鳳珠很快地就熟悉RCA生產線上的工作。一開始的工作內容是焊接零件，之後再用有機溶劑清洗ＩＣ板上的雜質。這個工作做了三、四年，接著換做半成品的檢驗、調整、剪腳、插零件等工作。

工作過程中，鳳珠最不能習慣的是銲接時焊錫加熱所產生的臭味，即使生產線上設有排氣罩，焊錫的煙還是會往工人的臉直撲而去，可以讓情況好一點的口罩兩個星期才給一個，而一個又不夠用，去向公司申請時，公司總是回覆：規定就是一個而已，不會多提供口罩。在這樣的情況下，鳳珠只能自己找方法，也許是調整站位的角度，讓自己不會那麼不舒服。在剪腳的作業上，她們要把零件不齊的

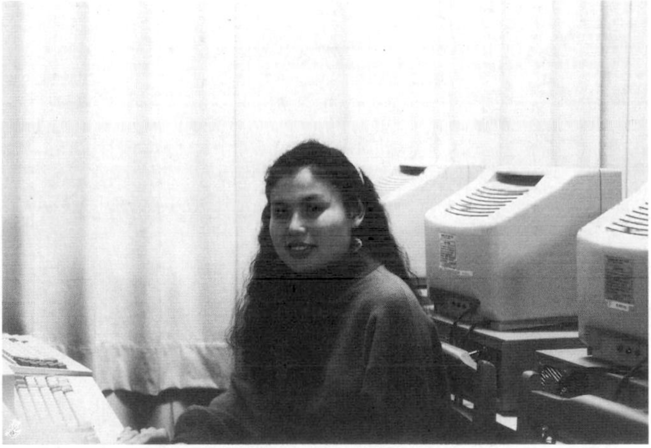

盧鳳珠受RCA派至中原大學，進修電腦課程。（盧鳳珠提供）

部分修剪整齊，金屬的尾端剪斷後會快速彈出，她們常常因此傷到眼睛，經員工反應許久，工廠才肯發一般眼鏡給大家作為防護用具。

再來是廠區的飲用水有一種怪異、不自然的味道。在無法改變飲用水的來源下，她們只能自行研發補救方法，有些人就會用水泡咖啡、茶、烏梅，用這些添加物的味道來壓過水的異味，鳳珠也不例外，工廠福利社的烏梅還因此熱銷。除了飲用水，連生活用水也略帶土黃色，鳳珠在員工宿舍洗澡時，總要先放掉一陣子的水，才會稍微變成正常的顏色。

不過，摒除這些日後毒害員工一生的潛藏因子，鳳珠也在RCA留下了許多美好的青春回憶。生產線上，同事們會一起聊天、唱歌，甚至偶爾在工作中玩遊戲，在重複循環的生產線上傳遞紙條、食物，像是迴轉壽司一樣，因此同事間的感情非常融洽，與上司之間的關係也相當不錯。公司為員工開設了各類型的社團，有插花班、英文班、攝影社、登山社等等，鳳珠高中畢業進入全職的RCA工作之後，也參加過插花班和攝影班，還曾為了攝影班，買了一台不便宜的相機來玩。RCA員工的休假在當時算是相當的不錯，除了周休二日，還有寒暑假可以休，其實是公司在做盤點工作，線上作業要停機，因此才能放假，此時大家就會相約一起出遊。

盧鳳珠喜歡拍沙龍照。在RCA工作時，她開始存錢，到桃園東方百貨買下這件衣服，拍了人生中第一組沙龍照。（張榮隆攝）

鳳珠在RCA工作一年後就搬進公司的宿舍裡，當時住宿不收取任何費用，員工餐廳的價格也較外頭低廉，可說是相當好的福利。鳳珠相當適應宿舍的生活，和室友關係非常融洽，也因為住宿，讓一心想要分擔家計的鳳珠能夠不斷加班而無後顧之憂。當時工人加班的機會有限，得看自己所在的生產線有無空缺，若別條生產線釋出加班機會，也得和其他工人互相爭取才能得到。同事都清楚鳳珠的狀況，因此常替她保留加班的空缺，努力工作的她，曾經在兩天之內上了將近三十個小時的班，同事們也會體貼鳳珠工作的疲累，在生產線上分擔她的工作，讓她有機會去補眠個十分鐘。有一次鳳珠累得睡過頭，同事們也不忍叫醒她，合力幫她把工作完成。

對於鳳珠來說，只要把工作做好、順利拿到薪水，家裡的負擔就能少一點，至於惡劣的空氣品質和用水等狀況，也在和同事、上司相處愉快，充滿快樂的回憶之下，不構成太大的問題，漸漸地習慣了。

鳳珠在RCA工作期間，公司一直沒有調薪，也沒有一個透明化的升遷制度和年資的累計，只有全勤獎金。甚至在鳳珠開始成為副領班後，公司因為景氣不好、人事凍結，有些員工因此被裁員，鳳珠很幸運地留在工廠繼續工作。

其實在高中畢業後，她曾經想轉換工作到別的公司闖蕩，但媽媽一句：「滾石不生苔」，認為不要換工作，生活才比較穩定，讓鳳珠打消了轉業的念頭。最後，鳳珠二十六歲時，在ＲＣＡ的日子來到了第十年，她漸漸覺得可以不用再讓自己這麼累，加上公司遲遲沒有調薪，因此又有了轉換跑道的想法。當時剛好朋友介紹了工作條件好、薪水也較高的會計工作，於是這年她離開了ＲＣＡ，到了巨星造船廠當會計；後來又輾轉到了三葉鋼琴當會計，在工作中認識了教育局局長，局長建議她去考國小代課老師，也把相關資料都給了鳳珠，她也就這樣走上了代課老師一途。

盧鳳珠在RCA工作滿五年時獲贈的14K金戒指。（張榮隆攝）

意外的婚姻

因著過去立下努力賺錢還貸款、不結婚的決定，鳳珠與異性交往受到了很大的影響。其實自高中起，鳳珠身邊就有許多追求者，也曾有過幾段交往關係，但在遭逢父親逝世和罹癌的接連打擊後，每當與男友發展到一定的關係，只要論及婚嫁，鳳珠就會以與對方結束關係來逃避婚姻。

小她五歲的妹妹護專畢業後，開始在婦產科工作，日夜輪三班的排班使生活變得不正常，所以後來轉行作了汽車銷售員。妹妹每成交一件案子，就會和同事去慶祝，也因此認識了一位男朋友。兩人關係非常好，好到認定彼此就是未來的另一半，很快地，才交往三個月的兩人，就決定要結婚。男方到家裡來提親時，鳳珠媽媽認為小女兒才剛畢業不久，與男友的交往的時間又短，現在提結婚還太早，而且，論輩分也應該是姊姊先結婚。但看到兩人心意已定，於是決定先緩下小女兒的婚事，開始替鳳珠尋找結婚對象，讓姊姊先結婚，妹妹才跟著結婚；媽媽於是找了三、四位鳳珠的男性朋友，一個個詢問是否想娶鳳珠為妻。當時朋友中有一位對鳳珠很有意思，每天在台中上班完後，再趕到桃園接鳳珠下班回家。媽媽見過他後，也非常喜歡，於是決定讓妹妹先訂婚，隔一個禮拜再訂下姊姊的婚事。因著輩分姊姊必須比妹妹早嫁出去，鳳珠雖然不想結婚，但因為母親的關係，也就答應了。終於在二十九歲這年結了婚。

兩人婚後一年，鳳珠遲遲沒有生育，去醫院求診，終於懷了女兒。女兒出生後由鳳珠母親照顧。就在孩子四個月大的某一天，突然眼睛往上吊、口吐白沫，趕緊送到醫院急診，發現是癲癇發作。之後，大約每十九天就發作一次，嚇得鳳珠的母親不敢再幫忙帶小孩；也因為每一次都要送到省桃醫院住個三、四天，鳳珠常常得請假帶女兒去醫院，後來乾脆辭掉代課的工作，回家專心照顧女兒。女兒從小就特別難帶，常常動不動就哭、發脾氣，無奈的鳳珠也找不到原因，她在做月子的時候常陪著女兒一起哭，女兒喝奶後也常會嘔吐，冬天的時候特別難熬，得在寒冷的天氣裡幫女兒洗被單。照顧女兒的那段時光，鳳珠回憶說只能用「慘」字來形容。在女兒九個月大的時候，因為常常要去台北的醫院看診，就搬離了桃園，來到台北與公婆長住。在家裡帶女兒的鳳珠，經由鄰居介紹才開始帶小孩，也因此才去考了保姆證照。鳳珠覺得代課老師和保姆的工作都很好，尤其她很喜歡和人互動，也覺得和小孩相處可以沒有利害關係，看到小孩的天真、可愛，讓她很開心。保姆的工作一做就是十幾年。

女兒的癲癇病大概半年要追蹤一次，每次問醫生是什麼原因造成癲癇，都沒能獲得答案；

第三年後，醫生才告訴鳳珠是因為女兒身體的異常放電。現在回想，鳳珠也不知道是自己RCA工作導致身體毒素殘留，還是排卵藥讓女兒身體異常放電。後來女兒的症狀比較正常了，只是脾氣還是很壞，國小那段時間，會因為不明原因發脾氣，女兒自己也不知道為什麼；在女兒吃了許久的藥後，經由一位小兒科醫師得知，癲癇藥的副作用會讓孩子脾氣變差，所以特別難帶，鳳珠才發現以前錯怪了女兒。自此之後，女兒也不再吃藥了。

一九九四年立委趙少康開記者會爆料RCA公司非法傾倒有機溶

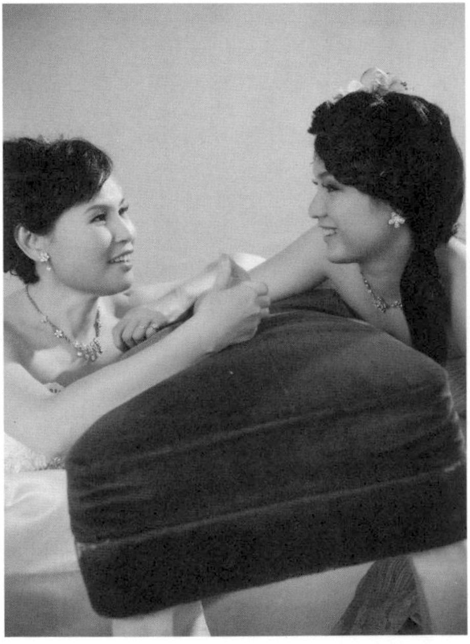

盧鳳珠罹病後，拍照便開始有了不一樣的意義。她特意與女兒拍了一組沙龍照，想給女兒與自己留下美好的回憶。（盧鳳珠提供）

劑，造成土地污染。鳳珠起先並沒有聽聞這則新聞，幾周後過去的同事打電話來，告訴鳳珠RCA對她們的傷害，鳳珠才漸漸回想起，每年RCA同事的聚會就時常聽聞有人年紀輕輕就罹癌過世；高中的時候，有個同班同學進入RCA工作後，幾次突然癲癇發作，畢業後發現罹癌，沒多久也離世了。而想到自己的身體，在RCA工作一年多之後，也開始經期不順，伴隨著劇烈的疼痛，每次都是大量的出血和血塊，當時只認為是女生會面對的正常生理階段，也就沒有多想什麼，雖然領班都會讓鳳珠稍作休息一下再上工，有時症狀會和緩一些，但有時就不行，此時只好硬著頭皮上班。另外還有不知原因的嚴重失眠，需要靠鎮定劑才能夠入睡，這對白天的工作狀態影響很大；而這樣失眠的狀況，隨著鳳珠離開RCA的時間越久，狀況也漸漸改善。

鳳珠還有皮膚過敏的症狀，她回想，應該是做了三、四年的焊錫工作所影響。國中之前，鳳珠不曾有過這種過敏現象，進入RCA工作後她變得不太能曬太陽，如果一直在太陽下，手和臉就會起疹子，所以鳳珠出門都要戴帽子、太陽眼鏡，把身體都包起來。也曾為了過敏去看醫生，醫生一開始還不相信，怎麼會有人對太陽過敏，而在經過紫外線照射的檢測後才被證實。

進入RCA工作後，身體突然出現的暈眩、心律不整也一直影響著鳳珠。當時早上起床後，曾有天旋地轉的的感覺，身體沒有辦法平衡，要停下動作數分鐘後才會漸漸好轉。直到現在，有時走在路上也會突然暈眩，然後眼前一片黑暗，需要找東西依靠。暈眩的狀況，讓鳳珠覺得相當無助，隨時都可能有生命危險，她去看過醫生，但也只能得到「內耳不平衡」的診斷。另外為了心律不整、心跳太快的問題，她還去做過氣球擴張術；在這之前，鳳珠曾經在坐著整理東西的時候，突然全身無力，就像是幫浦的氣打不上去，呼吸不順暢，心跳還曾到一百四十，好像激烈運動後一般。

二〇〇〇年，鳳珠因為同事的邀請加入RCA員工關懷協會，保姆工作停止後，才開始積極參與協會的活動，她希望透過協會維護自己的權利，得到補償，她不希望自己這麼年輕就為RCA賣命，卻只帶著一身病離開。現在大家仍在苦撐著，就算只有二十幾個人也依然上街遊行、抗議，鳳珠希望對RCA的官司能夠趕快打贏，讓公司認錯，也讓政府和社會大眾知道，有一群默默無名的工人，曾經為了自己的生活與台灣經濟打拚，自己的健康卻在當中被犧牲了。然而，鳳珠並沒有因此埋怨當初不該進到RCA工作，因為在RCA工作的時光，已成了她生命之中，不可或缺的一部分。

2012年3月，盧鳳珠參加職業安全衛生法修法行動。（張榮隆攝）

後記

文／林晏臣

原本以為，ＲＣＡ公司的受害者會以氣憤、無奈的口氣向我傾吐過往的種種，但打自第一次見到鳳珠姐，我的想法就被她天真、樂觀的態度給移除；從幼年生活聊到與ＲＣＡ抗爭，也才明白，每個在她生命中的事件，是這麼不可或缺。透過訪談，我才能這麼深入地走入一個人的生命裡，也才更確定知道，每個人的生命是這麼獨一無二。透過文字的描述，我彷彿進入到鳳珠姐記憶裡的世界，跟著她度過人生的大風大浪，一同感受著這群時代下的小人物，在台灣經濟發展下被犧牲的心酸歷程。希望透過記錄下這些真實的故事，能喚起台灣公民對於ＲＣＡ污染事件的關注，讓這一切不再只成為台灣發展史上的文字敘述而已，而能做為現代工廠的借鏡，不再讓歷史的憾事再度發生。

文／林昭宏

在每次的訪談過程中，我深深地被這個工業化人環境之下的女性故事感動。每當鳳珠訴說著那些過往，裡面參雜著不同的情緒，時而懷念、時而傷感，卻又在一些掙扎的生命階段之中展現了她天真樂觀的一面，我才發現，這次訪談的過程中，我看見了一個時代的女性是如何面對整個大環境，包括自己的想望、家庭與社會。鳳珠在這三者中得做出取捨，而在選擇過程中，也就看見了她許許多多的無奈與不得不，但鳳珠總是能用那純真的性格來面對生命的挫折。這樣的韌性有時也來自於她對於公義的執著，細細體會過鳳珠的生命之後，除了對於ＲＣＡ當時的狀況以及時空背景有更多的瞭解之外，我也看見了在那個時空背景下的家庭，是如何在由農轉工產業發展的變遷之下，為了工作機會一再遷徙，而不得不放棄原本的生活方式，於是又一次體會到了人與環境的交互影響，而人的各種行動與環境變遷的原因要考量的因素，也就有更多的層次要去思考。

郭陳秋妹 （化名）

秋妹最後一段日子過得辛苦。第一次住院開刀，除了乳房，連淋巴都拿掉了。之後就是一連串的化療與復健，為了不讓傷口在結疤癒合後使手舉不起來，秋妹每天都要用手延著玻璃往上爬，把傷口拉開，每次往上爬，傷口就會一次次被撕開，但秋妹還是忍著痛每天爬，「她爬得很好，」郭美英（化名）回憶，「所以之後完全沒有手抬不起來的的問題。」郭美英言談間透露著為母親的勇敢而感到驕傲。

1943年　　　出生
1964年（21）與國輝（化名）結婚
1965年（22）大女兒美英（化名）出生
1977年（34）至RCA上班
1983年（39）因聲帶長繭住院開刀，發現乳癌三期
1986年（43）乳癌復發去世

採訪資料：

時間：2011年9月12日
地點：桃園火車站旁Subway
訪員：林岳德、蔡牧融、佘宜娟

文字整理：林岳德

註：照片中的人物為郭陳秋妹的女兒郭美英。

走出桃園火車站，郭美英（化名）已經在出口等待，手中緊緊握著手機，深怕我們找不到她而相互錯過，郭美英很快地在人群中認出我們，馬上過來和我們打招呼，帶我們到她早已想好的地點喝東西聊天，雖然只是隨處可見的Subway，但她其實已經為這個地點而想了一晚上。一路上，她還不斷地為只想到Subway而感到不好意思。

點好東西坐下，郭美英馬上開始訴說關於她母親——郭陳秋妹（化名）的故事。她說得直接而流暢，好像在講一個已經說了好幾遍的故事。「我母親四十幾歲就過世了，事後回想，我母親那個時候的壓力也真的是很大。母親去世之後，我才知道她那個時候承受的壓力有多大。」郭美英這麼開頭。

在郭美英成長過程中，母親郭陳秋妹一直給她很大的壓力和情緒，而她，是在母親罹癌去逝後，才開始重新認識母親的生命。

婚姻裡的女人

郭陳秋妹家中務農，家境很不好，讀完小學就無法再升學，到處幫佣，維持家裡的生計。小時候沒有什麼東西吃，最常吃的食物就是花生米和地瓜葉，這對秋妹來說是很苦的一段日子，「母親嫁給我父親之後，有的時候會煮花生、地瓜葉給我父親，但她自己從來不吃，我後來才知道，她最討厭吃的東西就是花生，因為她就是吃這個長大的。」說起母親以前的日子，郭美英語氣中充滿著不捨。

秋妹二十多歲的時候，一位父執輩的朋友將郭國輝（化名）介紹給秋妹，一九四八年國輝隨國民黨撤退來台，之前在中國大陸是山東省某村的村長，當時局勢很亂，村子裡的村長由國民黨和共產黨輪流當，國輝前任村長是國民黨，後來聽說被共產黨指派的村長給殺頭了，沒多久國民黨又把共產黨的村長給趕下台，國輝被推出來擔任村長，沒想到，共產黨再度得勢，國輝害怕被殺頭，就決定從軍離開村子，之後就隨國民黨來台，在虎尾擔任空軍，位階佐衛。國輝在老家已經有老婆，原本不想再婚，因為朋友熱心做媒，才決定再娶秋妹。

婚後，秋妹負起社會上要求女人應負的責任，在家打理一切大小事，除了偶爾幫村子裡的鄰居灌香腸，過年的時候做年糕給親戚朋友，買菜的時候和鄰居聊聊天，秋妹幾乎沒有自己的空間。隔年女兒郭美英出生，秋妹除了家務又得加上帶小孩的工作，生活瑣事就更加繁雜了。

秋妹的生活似乎是當時女性共同的圖像。女性到適婚年齡，家裡就會找個結婚對象，婚後自然而然得要負擔所有的家務工作，幾乎所有的生活和成就都在這個家裡了，但女性在家中的生活壓力沒有地方可以抒發。當時國輝特別寵三女兒，因為他覺得三女兒長得很漂亮，像他大陸那邊的太太，郭美英知道母親雖然嘴上不說，但其實可以感覺到她很受傷，誰知道自己生的女兒會像他大陸那邊的老婆呢？這種感覺應該很少人能瞭解，但母親當時所有壓力，都是她在承接。

在郭美英的記憶裡，母親對自己是嚴厲的，嗓門很大，不太會說讚美的話，說話也很直，有時說的話其實對郭美英傷害很大，郭美英永遠記得以前常常聽到隔壁鄰居太太跑掉的事，母親聽到這種新聞就會對她說：「那若不是生了你們，我嘛早就跑掉了。」郭美英覺得很難過，好像是自己綁住了母親，讓她無法去做自己想做的事。

母親似乎也傳給郭美英做為女性應有的責任，當時國輝覺得小孩只要好好讀書就好，所以不讓小孩做家事，但是秋妹會在國輝不在時把女兒叫來，要她做家事，像煮菜、洗衣服之類的家務瑣事，都是秋妹趁國輝不在時偷偷教她，要她一定要學會。郭美英覺得母親在告訴她，這是女生還是必須學會的東西，尤其她又是長女，更應該要會，秋妹也會要美英負責照顧妹妹，「第四個妹妹（小妹），就是我抱大的，後來小妹生小孩的時候，我馬上可以抱她的小孩，我小妹還很吃驚地問我，沒結婚沒生小孩怎麼就會抱小孩了，我還跟她說：『你就是我抱大的啊！』」郭美英笑著說，有點得意，但其實背後多少帶著秋妹當年的辛勞。

在RCA的日子

因為父親的壓力，秋妹一直想生一個男生，當時聽說隔壁社區有人生了十個，到第十個才生出男生，「在學校讀健康教育就知道，生男生女其實是男生的問題。」郭美英說。但當時的女性還是會覺是自己的責任，已經生了三個女兒的秋妹想再生看看，也許下一胎就是男孩，後來秋妹又懷了女生時，國輝告訴她，「如果妳要生，妳就要自己養。」秋妹考慮了幾天，依舊決定生下來，生產一個月後，秋妹就去找工作了。

秋妹最早是在家附近的紡織廠工作。七〇年代的台灣，因為政府政策的關係，產業轉型，許多中小企業、代工廠、加工廠紛紛成立，工業發展快速，可是競爭激烈，秋妹做了一年，這家紡織廠就因為無力競爭而倒閉，秋妹只能再找工作。後來在朋友的介紹下，進入了RCA三廠當作業員，主要考量是在RCA可以上小夜班，讓秋妹白天打理家事。

當時小夜班是下午五點半到凌晨一點半，秋妹會先準備好晚餐，然後出門上班。早上大概三、四點回到家，弄好早餐給國輝吃，也剛好把小孩叫起來準備上學，等小孩出門了，才是秋妹休息的時間。睡飽後整理家務、幫國輝打理洗衣店工作，接著料理晚餐等孩子放學。這是秋妹的一天。

在平常日，除了孩子上學前，或者放學後偶爾提早回家時，秋妹才有機會看到孩子。美英回憶，「不過我母親有的時候還會給我送便當到學校，那個時候很多人會帶鐵的那種便當盒到學校蒸，但母親不喜歡我們帶鐵的便當盒去，因為她覺得那樣不好吃，所以有的時候她如果早點起來，也會做好便當送到學校來給我們吃。」回憶起這些舉動，郭美英覺得對母親來說，顧好一個家就是她生命的重心。

秋妹不會對孩子說自己的工作狀況，孩子只知道，秋妹渴了就直接喝工廠飲水機的水。在秋妹罹癌後，有兩天因為身體不舒服，怕生產線的工作跟不上速度，就偷偷把女兒美英帶進RCA幫忙。當時美英直接喝了工廠裡的水，她記得那味道怪怪的，和外面的味道不太一樣，空氣也有一種煙熏的味道，不過和其他工人一樣，在這樣的環境待久了，也就習慣了，覺得工廠有味道是正常的，自己得要忍耐，即使後來罹癌，也不覺得自己的癌症和RCA的工作有關，「自己的病『是自己應該的』」，秋妹曾這麼對女兒說。

母女相依抗癌

一九八三年，秋妹三十八歲。那年冬天，她突然發不出聲音，到醫院檢查，醫生說是因為聲帶長繭，最好開刀。秋妹只好請假去做聲帶手術，換手術服時，秋妹突然發現鏡子裡的自己兩邊乳房不一樣高，變得很不對稱，摸起來也怪怪的。她先前都會定期做子宮頸抹片，做抹片時護士也會順便幫忙檢查乳房，結果都是正常的，這兩年因為工作忙碌，沒有特別抽空去做檢查，乳房就看起來怪怪的。秋妹覺得有點不安，所以在聲帶手術後，秋妹再回醫院檢查，發現右側乳癌第三期。秋妹不想讓同事知道，只有跟領班說要請長假住院開刀，就馬上住進醫院動手術。

那年女兒美英大一，所以帶母親到醫院、照顧她，就成了郭美英的工作，在這段陪伴母親的日子裡，郭美英和母親的關係才開始慢慢變得不一樣。

以前，郭美英一直覺得母親比較疼四妹，畢竟四妹可以說是母親自己養大的小孩，加上母親對她很嚴厲，又說過「如果沒有小孩，她早就走了」，這些事情都讓郭美英覺得自己和母親有一段距離。而在陪著母親看病的日子，她開始對郭美英交代一些事情，兩人的距離慢慢拉近了，雖然母親嘴上不說，但郭美英知道，母親對自己的關心比對其他妹妹多，態度也變得不一樣。她記得有一天母女去買東西時，母親發現她沒有手錶，當時母親什麼也沒說，但過幾天母親特別買了一隻錶給她，這件事讓她記了好久。

秋妹最後一段日子過得辛苦。第一次住院開刀，除了乳房，連淋巴都拿掉了。之後就是一連串的化療與復健，為了不讓傷口在結疤癒合後使手舉不起來，秋妹每天都要把手延著玻璃往上爬，把傷口拉開，每次往上爬，傷口就會一次次被撕開，但秋妹還是忍著痛每天爬，「她爬得很好，」女兒美英回憶，「所以之後完全沒有手抬不起來的的問題。」郭美英言談間透露著為母親的勇敢而感到驕傲。

印象最深的一幕，是當時的主治醫生會帶實習醫生來看秋妹，做為教學，主治醫生請秋妹把傷口給學生看，她直接把衣服掀起來，讓所有的人看她被切除的胸部，美英在一旁都覺得難堪，母親卻一點也不怕，也不覺得害臊，但美英知道母親心裡其實是自卑的，離院回家後，秋妹就再也沒有和國輝同床睡了，偶爾秋妹會在國輝午睡的時候偷偷擠到國輝的床上，躺在他旁邊撒嬌，也變得更依賴國輝，郭美英知道這是因為母親怕父親離開。

休息五個月之後，秋妹又回到RCA上班，一切又回到之前的生活，白天秋妹休息，打理家務，晚上上班。但她知道自己可能隨時會走，所以開始要女兒做家事，也開始交代一些事情。秋妹會特別帶美英到一家饅頭店買饅頭，因為國輝不吃乾飯，只吃稀飯配饅頭，可是他吃不慣台灣饅頭，秋妹只好到處找做外省硬饅頭的店，每天買回家，而那家就是秋妹每天買饅頭的店，美英知道這是母親在告訴她，以後要幫父親買饅頭，就到這家店。

一年後，秋妹的癌症又再度復發，這次除了化療外，沒有什麼其他醫療方式了，於是秋妹只好再度開始長達三個月的化療，這段日子裡，秋妹沒有請假，遇到要治療的日子，就白天到醫院，晚上再回去上班，頭髮掉了，就買頂假髮戴，化療的日子不好過，但秋妹從沒講過痛苦或難受。

一九八六年二月，四十三歲的秋妹離開人世。

其後

母親走後，郭美英才開始重新認識母親。

家務全都交到了郭美英身上，因為當時所有的小孩都還在上學，家裡的經濟壓力很大，郭美英只能開始半工半讀，國輝後來也到復興航空當「空廚」做些簡單的工作貼補家用，但收入還是有限，一家五口只能省吃儉用過日子。這段時間要上學、要工作，外婆也是郭美英在照顧，家裡不平等的男女關係，讓所有的家務都落到了郭美英身上。那時，她才開始慢慢瞭解母親當時承受的壓力有多大。所有的壓力都是自己在面對，郭美英對三個妹妹是有些情緒的，但她也瞭解，對妹妹來說，家裡有人出來處理家務也就可以了。之後妹妹慢慢長大，出去工作、嫁人，那就更是真的離開家了，偶爾回家看看父親、看看外婆也就夠了，唯一能處理家裡瑣事的，似乎也只剩自己這個未出嫁的大姊，她也就只能一肩擔起。

母親走後，郭美英獨自和父親相處了十年，直到父親去世。除了父親，三妹也成了郭美英沉重的負擔。母親去世後三年，三妹出了車禍，開刀後開始發生嚴重的癲癇，要一直進行辛苦的復健，父親不忍三妹受苦，就同意延緩復健，因此癲癇症狀一直沒有改善。父親去世後，郭美英和三妹同住在一起，由美英照顧。二〇〇九年冬天，三妹外出運動，在路上倒下後就再也沒起來了，送到醫院，一個星期後死亡。

三妹走後，郭美英才真正能過自己的生活，一開始很不習慣，晚上也是一聽到聲音就會跳起來，然後才發現妹妹已經不在了。郭美英以前就很希望其他妹妹在她最需要的時候能回家，一同分擔家裡的事情，但最後還是由她自己獨自面對。

郭美英到現在還是會記得母親說過：「若不是生了你們，我嘛早就跑掉了」，美英雖然沒有結婚生小孩，但身上的束縛似乎和母親一模一樣，某種女性的勞動使命就這樣傳了下來。「其他妹妹都不知道，我其實是看到母親的生活才決定不嫁的，真的，我都說我是不婚主義，因為成家真的太辛苦了。」郭美英最後微笑著這麼說。

現在的郭美英大部分的時間都是自己一個人，除了工作，也開始在佛教的團體修習，希望能讓自己變得平靜。

直到二〇一一年，RCA員工關懷協會因訴訟而對會員進行問卷訪談前，郭美英只參加過關懷協會某一次到立法院的抗爭，以及每年固定參與會員大會。對她來說，看到這麼多員工罹病其實讓她很感慨。郭美英對RCA沒有太多的怨恨，但她想如果能用自己母親的死，讓台灣勞工的勞動意識提升，是最好的事。

後記

文／林岳德

美英阿姨是我接觸ＲＣＡ工作後第一個親自接觸訪問的對象，在她敘述母親郭陳秋妹的故事裡，我才重新認識自己身處的台灣曾走過的發展史是如何重重壓在秋妹那一代的女性肩頭，然後再傳到兒女的身上。她們一同擔起的是整個國家關於照顧、勞動、生育的重擔，但卻沒有被對等地對待，這是資本發展背後真正的故事。

我常在想記錄下這些悲傷的故事是為什麼？我並不是作家，並沒有能力用深刻的文筆召喚其他人，也不想只是寫下一個故事來記錄歷史，真的希望在這些故事被寫下來後，大家能一同面對，因為如果我們不做點什麼，我們還是會留下同樣的痛給下一代，雖然美英阿姨自己並沒有太多的怨恨，但同樣的情境在現在台灣其實並沒有改變太多。

2001年，工傷協會組織職災工人成立「工殤畫會」，每一幅畫作都是千言萬語，RCA造成的傷，重重地壓在工人們身上，重重踐踏女工們的身體，這些畫呈現出工人階級共通的生命經驗。同年工傷協會會員大會會場，以RCA工人抗爭為主題展出系列畫作，引發RCA工人當場落淚不已。

陳麗真

「我們一定要自己站出來！」陳麗真在訪談時眼神炯炯地這樣說。走過 RCA 運動十幾年，陳麗真雖然不是最核心的幹部，但在二〇〇〇年前後的抗爭高潮時期，她參與了每場抗議活動，「這些事情發生在我們自己身上，如果我們不站出來，別人不會站出來。」

1961年　於基隆出生
1979年（18）　進入RCA工作
1992年（31）　因RCA關廠被資遣
1995年（34）　經診斷罹患子宮肌瘤
1997年（36）　結婚，生產
2000年（39）　開始密集參與關懷協會

採訪資料：

第一次訪談
時間：2011年11月20日
地點：桃園市縣府路
訪員：楊國楨、徐長皓、陳怡真

第二次訪談
時間：2012年1月30日
地點：工傷協會
訪員：楊國楨、陳怡真

文字整理：徐長皓、陳怡真

「我們一定要自己站出來！」陳麗真在訪談時眼神炯炯地這樣說。走過RCA運動十幾年，陳麗真雖然不是最核心的幹部，但在二〇〇〇年前後的抗爭高潮時期，她參與了每場抗議活動，「這些事情發生在我們自己身上，如果我們不站出來，別人不會站出來。」

陳麗真出生於一九六一年，在基隆長大，如同基隆港的起與落，麗真的家庭也曾經大起與大落。父親那邊的家族在基隆經營雜貨店，日治時期在地方上曾經是很興盛的家族，在廟口有三棟房子。父親做為獨子，被父母保護得很好，沒有什麼社會歷練，幫表哥做保，積欠了許多債務，使得家裡的經濟情況大不如前，麗真出生時已賣掉許多房子，也沒有享受過上一代的輝煌。

麗真有三個哥哥與一個妹妹，雖然家庭經濟並不理想，但不影響兄妹之間的情感。麗真年幼時，幾乎是由幾位哥哥帶大，常跟著哥哥們到處跑。大哥小學念到一半就逃學出去玩了，二哥只有小學畢業，只有三哥和小妹後來在爸媽的要求下念完高中。麗真小時候常常因搬家而換學校，沒有穩定的學習環境，很愛玩。麗真小學畢業後在基隆的銘傳國中讀不到一年就休學了，去幫姑姑賣四神湯。

三哥就讀的新興高中與「天美時」（TIMEX，即現在的「日月光公司」）合作，所以三哥一開始在天美時工作。哥哥們陸續到桃園工作了一段時間後，把爸媽、妹妹接過去。父親因為後來生了病，只剩下一顆腎臟，身體負荷不了原來的建築工作，便到桃園嘗試做生意，想要賣天婦羅，在桃園八德的大湳市場一帶開始做起。

麗真的先生小她四歲，是住在花蓮的大陳人，先生是大嫂的弟弟，大嫂國小畢業就來台北，先生國中畢業之後也來桃園投靠姊姊找工作，一開始在新竹學修機車，後來大嫂跟大哥在世界染整廠認識，戀愛之後結婚，弟弟就來跟麗真一家住在一起，也跟著大哥在三重的電鍍工廠一起工作。

一開始麗真只把他當弟弟一樣照顧，維持姊弟的友誼。後來因為哥哥過世，那一段日子因為他的協助幫了不少忙，兩人漸漸走得比較近，也因為離開RCA之後，到南崁的工廠上班，都給他載，載來載去載出了感情。直到三十七歲兩個人才決定結婚。兩人從認識到結婚過了快十幾年，從互相扶持的家人情感發展成交往的情愫。

進入RCA

麗真進入RCA工作的契機，是因為在天美時工作的三哥，RCA剛好在天美時內壢廠附近，所以哥哥知道那時RCA開始擴廠，很缺工人，就要麗真去應徵。那時RCA不但開很多職缺，而且福利很好，提供住宿、交通、工作穩定、薪水不差、廠內還有廠醫，並且連加班費都比外面好得多，吸引不少人前來應徵。那時有不少的眷村媽媽或建教合作而從南部上來的年輕人，甚至有些已經考上公務員的都來這裡應徵當QC（品管）。RCA的極盛時期，因為生產線常需要加班，雖然減少了休息時間，但當一個作業員，假日加一天班的薪水等於平常日三天的薪水，加班費多的時候甚至等於一個月的薪水，所以大家對於加班趕工也樂此不疲。

在RCA工作幾年後，麗真升為副領班，領班和副領班主要在調配線上的人力和速度，像是有人請假或是有開新的線要調人，就需要領班和副領班的指揮。RCA的制度很嚴謹，人力品質為大家所認可，當時候常常有工程師或領班到附近開小工廠，會挖腳一些人過去，白天在RCA做、晚上就到小工廠，甚至後來關廠之後，很多工廠都指名要RCA的女工。在RCA，每個新人剛進來的時都有老手帶，一個動作一個動作地學，快的差不多一星期就上手，很多人幾乎每種產品的生產線都輪過，插件、焊錫都是拿手的技術，常常很快就能熟練新的產品；而領班、副領班也在其中訓練有素，熟悉怎麼調配人力，怎麼控制速度，以及檢驗產品。所以在RCA工作過的女工，到外面的工廠謀職，常常被邀去擔任領班。

RCA的工作氣氛很好，有時候來不及做，只要舉手說：「欸！趕快要堆貨了！」做比較快的就會到後面去幫忙，大家不會計較哪些工作是誰的。有的新手可能學比較慢，領班、副領班椅子拉過去就開始幫忙，盡量不讓它堆貨，整條線就像是一個團隊，大家一邊聊一邊做，擁有一種革命情感。

早期台灣工廠以人力資本生產的模式，雇主和員工是生命共同體，員工只想著努力工作，能加班就加班，雇主則是照顧好員工，在線上除了工作，也分享彼此的故事和拿手菜，工作夥伴不僅僅是工作夥伴，也是互相照顧陪伴的家人；而現在社會轉型到商業、服務業的競爭時代，職場的氣氛和工作目的已經不如以前那樣單純，雇主與員工之間的關係也日漸變成勞動產值的利益關係。

ＲＣＡ最興盛的時候有五、六千人，總共有三個廠，為了提供員工用餐，這裡一個餐廳的規模幾乎都等於一間廠房那麼大，光是廚工就有十多個，多半是退伍軍人出身。餐廳分成中式與西式兩種，由於西式的價位比較高，大部分是工程師才在這裡用餐，一般員工大都在中餐廳吃。不過，如果有員工在職場上表現不錯，就會藉著表彰模範員工的方式邀請他們在西餐廳用餐。

較年長的媽媽向來很照顧其他年紀尚輕的同仁。有時候，大家會利用休息時間團購，一條線兩、三百人，像麵或梅子這類的，一個人買十斤，一次就可以買到一、兩百斤了，車子都推不進工廠，像菜市場一樣。或是有些媽媽家裡種的菜也會帶來工廠賣給其它同仁，那時候大家都把買來的東西放在椅子下的櫃子裡。到了中午，沒有在餐廳吃飯的同仁，就會用烙鐵蒸便當，邊吃飯邊聊天。到了快要關廠那一陣子，外面的宿舍已經拆了，二樓的二廠改成了宿舍，大家都會帶電磁爐到樓上沒有人住的宿舍，拿出各自準備好的青菜、豬肉煮麵吃，有時還會拿去給主管吃。

女工們早上搭著交通車進到工廠，上線開始運作，一邊聊著昨天小孩多皮、和老公吵架的內容，一邊雙手迅速地抓著零件，閒暇時幾個媽媽吆喝著要不要一起買個梅子或泡菜，下班前，匆匆到餐廳包個兩、三樣菜，想著要趕緊回家餵飽一家大小……在RCA那樣快樂穩定的日子，到關廠後，大家還是三不五時會想聚聚聊聊近況，有時是在小孩子的婚宴上，也有時是住在同一個社區的，有時在醫院或公車上碰到也會聊上兩句，就像見到老朋友與老同學那樣，在這裡的時光曾經可以是最美好的，但誰也沒有想到噩夢的來臨，竟也是來自於這裡。

進入抗爭現場

麗真在RCA工作一直做到一九九二年，當時是RCA已經準備要從台灣撤廠，一批一批地將員工資遣，麗真說如果不是個性不好或適應不良的，大部分都做一、二十年以上，如果當時沒有關廠資遣，很多人到現在還會繼續做也不一定。

離開RCA時，麗真還沒結婚，之後去了「宜德」與「致福」，也是做插件、焊錫，因為做過副領班也做過檢驗的工作，進到宜德就做了領班，在宜德的那段時期認識了簡美令，跟美令變得很熟，會叫美令一聲媽媽，也牽起了後來參加RCA抗爭運動的線。

大約一九九六年、一九九七年時，自救會正在籌組期間，麗真在致福上班，聽到以前RCA的同事在講這件事，大家一起去參加大會，去瞭解這件事，才意識到原來事情這麼嚴重。一開始麗真會去參加活動，心裡是想看RCA的員工是不是同以前一樣很合作，因為有一句話說「要交錢的地方都沒有人會去」，結果一看，還是滿多人的，就一次一次跟著去。

麗真在一九九九年生了第二個孩子，辭職離開電子廠在家照顧小孩，大伯也娶了外籍新娘，可以幫她帶小孩，所以在二〇〇一年左右，抗爭活動最多的時期，麗真密集地參加活動，幾乎每場活動都有麗真的身影。那時候很多人會說沒空不能去，也有些人當時也還在電子工廠上班，就是怕公司知道，所以能出來的通常是一些年紀比較大快退休的，或是像麗真這樣在帶小孩的。麗真印象最深刻的行動是在美國大使館前，很多人來幫忙，演了一齣行動劇表達RCA迫害這些人就落跑了，那時麗真看著戲覺得好感動，那齣戲說出了她們的感覺，在這些過程中，麗真想著：「別人都幫我們這麼多了，我們也要自己站出來，不然會被人家欺負。」看到工傷協會和那麼多人的協助，也更推進自己去盡力參與。

後來RCA運動沉寂了一段時間，去美國告洋狀後就沒有消息。麗真再度參與抗爭活動，是因為美令又回去接起自救會（此時已登記為關懷協會），當時美令打了電話給麗真：「小胖我們缺幹部。」那時麗真還在幫親戚帶小孩，表達了自己願意但有點困難的立場，而美令跟麗真說，只要能來開會簽名就可以了，於是麗真重新回到協會。

麗真剛進RCA工作時，有一段時間經常皮膚癢。醫生都唸她說她太愛美，那時候還拿最貴的禮蘭洗面皂，醫生說就是因為洗這種肥皂才會過敏，甚至有去長庚割掉一塊肉化驗，都沒查出問題。然而，只要一發病癢起來，就無法上班，大約半年就會發作一次。離開RCA後，跟現在的先生交往一陣子，都沒有懷孕，本來想要懷孕再結婚的，有一天偶然聽到廣播說婦科的問題，才去做檢查，竟發現有子宮肌瘤。拿掉子宮肌瘤之後，順利懷了第一胎。直到參與自救會之前，麗真都沒想過這些事會和RCA有關，只覺得是自己的問題。就連律師在蒐集資料時，也只是把病例交出去，沒有聯想生病與RCA的關係。直到有一次世新大學教授陳政亮到美令的工廠勞教，講述關於油症的案例，污染留在身體裡排不出來，麗真才開始驚覺土地和地下水污染的問題是不是也會影響到自己的下一代？才開始聯想到皮膚不好、子宮肌瘤，也許都跟那時候在ＲＣＡ的工作有關。

麗真的大女兒則是一出生就斜頸，一開始醫生也沒說有問題，後來坐計程車時司機才提醒她這是要去做復健的。麗真帶女兒去檢查，此後成長的過程中經常要上醫院。麗真說，在想到和ＲＣＡ的關聯時，還不敢跟女兒說，很怕女兒會埋怨媽媽讓自己受苦。

麗真認為參與ＲＣＡ抗爭是大家的責任。雖然沒讀過什麼書，但是透過組織的運作，包括讀書會、上街頭演行動劇、開會，讓她學習到很多，也認識了社會，打開新視野。麗真的先生對於她參與這樣的活動並不反對，他告訴麗真：「妳覺得妳的方向對就去做，不要做後悔的事情。」麗真認為這樣的集體行動，如果今天大家都不站出來，最後這個抗爭就會失敗。所以，同事如果不參加，她就會鼓勵她們參與，爭取勞工應有的權利，改變自己的人生。

後記

文／楊國楨

陳麗真是ＲＣＡ關懷協會近年來較活躍的一個幹部。在以往的活動中，我曾見過她但是不熟。此次，我負責邀約小組成員訪談，因為自己的工作忙，採訪小組的其他成員也忙，時間也很難兜攏，導致約麗真第一次採訪的時間，一直往後延宕無法成行，最後東敲西挪，才跟麗真敲到時間，與小組成員各自搭車到桃園碰頭採訪麗真。

麗真給人的感受是活潑親切又健談，沒有讓人擔心的距離感，彼此皆很快地進入訪談過程。但可能因為陌生，採訪初期很難直接切入麗真在ＲＣＡ的生命故事，先從話家常開始了三個小時的訪談。從麗真的成長環境、讀書、成年、進入ＲＣＡ、戀愛結婚、生小孩當母親後離開ＲＣＡ，從被動參加活動到後期成為積極參與的幹部。她說參與關懷協會的過程中，讓她認識ＲＣＡ污染事件，不是他人的事也不是自己的事，是大家的事，自己要站出來讓大家看到這樣的受害事件，不是只為自己的權益在奮鬥。麗真覺得大家集體努力了這麼久，雖然結果仍然非常茫然，但是更要站出來讓所有人看到，希望別人不要再受害。

經過三小時的訪談，麗真的生命經歷似乎談足了，但看完逐字稿後，採訪內容略嫌深度不夠，又進行了第二次約訪，回訪中看到麗真和小孩的情感與辛苦，是麗真生命故事中非常重要的一環。這次口述歷史採訪，讓我認識了一個充滿鬥志、樂觀活潑的女工，也是一個辛苦積極的母親。

文／陳怡真

這次有機會參與RCA口述史的訪談是個很特別的經驗，我是一個很喜歡聽故事、看故事的人，但這次要自己寫故事，中間遇到了很多瓶頸，很難精緻地描繪出那個年代阿姨們所經歷的點點滴滴。

訪談的過程是有趣的，麗真阿姨是個很有動能、很有想法的人，第一次在大會上看到她忙進忙出的招呼會員，和每個認識的人打招呼，後來才知道原來她以前是做副領班，已經習慣這樣照顧大家，就覺得以前如果也有機會在RCA工作，可以遇到這麼多親切的阿姨朋友，應該是件幸福的事吧！

透過這次口述史，慢慢拼湊六、七〇年代經濟起飛時，大家一起奮鬥享有了豐盛的果實，也同時為了這些果實犧牲了很多，如環境污染、身體健康，會再更仔細地想，現代的我們需要什麼樣的生活。

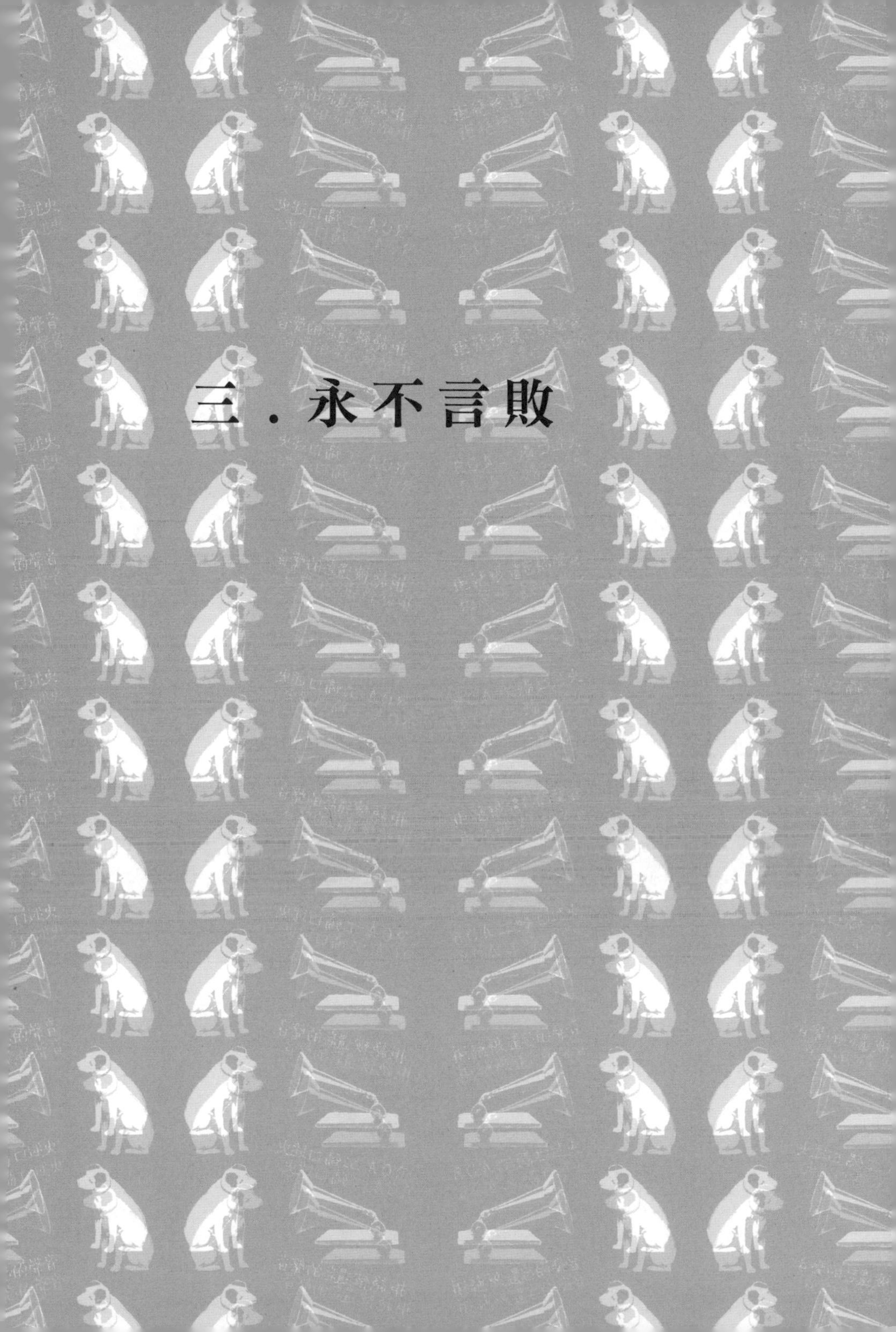

三．永不言敗

永不言敗——RCA工殤事件答客問

RCA關廠後二十多年，對於廠內勞工、廠外居民，以及土地與水的傷害，至今仍難以平復。RCA工殤運動，走過街頭抗爭、法庭訴訟、社會倡議，在勞工安全、環境污染、司法等面向，藉著這一路顛簸戰鬥，不讓人們遺忘。透過以下問答，讓大家更瞭解這起重大工殤事件的幾個重要議題。

——RCA公司使用有機溶劑，對員工們造成了什麼樣的傷害？

RCA公司使用三氯乙烯、四氯乙烯等多種有毒化學物質，且排煙空調設備、口罩、手套等防護用具、有機溶劑回收機制、勞工安全衛生教育等都不完善，員工在勞動及居住環境中，直接吸入、飲用、或接觸毒物而受害。上述兩項有機溶劑，近年已被確認為第一類致癌物，除了對人體有明確致癌性外，亦有研究證明會造成各人體器官，如免疫系統、生殖系統等危害。全台灣曾受雇於RCA的勞工，可能超過十萬名，但就僅有的調查中，罹患各種腫瘤、免疫疾病者就超過千名，失聯或離散各地的受害者則不計其數。

罹病員工長期承受病痛與治療過程的不適，生活、工作、經濟，乃至於婚姻家庭、生兒育女等人生規畫，都受到疾病影響。除了這些可見的傷害之外，最難捱的傷痛，是每位受害勞工及家人多年來的精神折磨。已確認罹病的人，長期與疾病痛苦對抗，而未罹病的人，也因暴露在有毒環境中，隨時憂慮、恐懼，擔心身體健康可能瞬間被剝奪，因此承受著難以言喻的身心壓力。

——RCA污染事件爆發後，受害員工如何組織關懷協會？

在RCA污染案爆發以前，就有許多曾在RCA工作過的勞工年紀輕輕就罹病，或耳聞許多同事罹病死亡的消息，因此當一九九四年RCA污染案的新聞曝光後，勞工們開始懷疑自己的疾病與這場大規模污染案有關。一九九八年，部份較為積極的工人們，在環境品質文教基金會的協助下召開記者會，宣布籌組「RCA環境污染受害者自救會」，並收集到一千四百五十一名罹病工人及受害者遺屬的名單。

後經桃園縣衛生局趙坤郁局長引薦，工傷協會主動介入協助自救會組織化，於一九九九年召開發起人大會，正式成立「桃園縣原台灣美國無線公司員工關懷協會」，第一任理事長由RCA前員工梁克萍擔任。此時，RCA污染造成員工集體罹病的案子正在新聞鋒頭上，引來許多在野黨民代關心，協會會員在初期選擇相信主流政治力量，期許政治人物能為己身爭取應得補償，因此主戰場並未拉至大規模抗爭。到了二〇〇〇年，風聞RCA將從台灣撤資，工人們才緊張起來，至政黨輪替後，行政院院長張俊雄決定解散RCA跨部會專案小組，工人們親身經驗到政府與民代的不可信任，面臨新的壓力，於是在工傷協會、工委會的協助下，開始靠工人自己的力量展開抗爭行動，並串連勞工、環保、司法及人權團體，公開召募志工及義務律師。

關懷協會一開始對RCA公司提起民事訴訟時，地方法院以RCA員工關懷協會未完成法人登記為理由，駁回工人告訴。歷經多年波折，拖著病痛的幹部們深感疲憊、挫折，會員也對於訴訟前景感到無望。協會上訴到最高法院，最高法院認為上述程序可以補正，二〇〇六年，將本案發回地方法院重新審理，關懷協會訴訟露出曙光，關懷協會才又面對，如何可能繼續往下戰鬥。於是在工傷協會協助下，進行培訓幹部、組織會員，讓RCA員工關懷協會的組織運作能再度回到軌道上。

——RCA公司已經關廠超過二十年，現在受害工人在跟誰打官司？

RCA、奇異、湯姆笙三大公司，都是RCA受害工人求償的對象。跨國企業經常使用脫產手法，或將分公司與股東的作為與自己切割，來規避責任。一九八六年，奇異公司併購美國RCA公司，隔年不僅馬上減資將近二十六億，還將品牌、業務、資產賣給湯姆笙公司。湯姆笙發現污染嚴重，即關廠資遣員工，並出售土地。污染事件爆發後，湯姆笙更於一九九八年七月至一九九九年一月間，以「存放國外銀行」名義，陸續匯出美金一億餘元。如今，台灣RCA公司只是毫無資產的辦公室。

RCA在台設廠期間，惡意挖井將未處理過的有機溶劑廢液，直接倒入井裡，污染地下水源，影響擴及廠區內外，生產線工人們無論飲水、煮食、盥洗用的都是被污染的地下水，長年與毒為伍！許多廠內工人都見證，坐辦公室的白領管理階級是喝蒸餾水的。

無論美國RCA、美國奇異、法國湯姆笙，都知道廠址遭受嚴重污染，工廠設立以來，八次勞動檢查記錄均違反「有機溶劑中毒預防規則」、「勞工健康管理規則」等規定之紀錄，但RCA公司卻置之不理，讓傷害持續擴大，因此，受害工人主張三家公司應該共負賠償責任。義務律師團根據「揭開公司面紗」原則，將台灣RCA、美國奇異、法國湯姆笙、百慕達湯姆笙、美國湯姆笙全數列為本案被告。

資方小檔案

美國無線電公司（Radio Corporation of America）

成立於一九一九年，生產電視機、映像管、錄放影機、音響及通訊產品，僱用員工約五萬五千人，分布於全球四十五個國家，產品廣銷一百多個國家。RCA大尺寸映像管產品銷售全世界排名第一，電視機、錄放影機、音響銷量均居全美第一。一九六九年至一九九二年，在台灣分別於桃園、竹北、宜蘭、台北、三峽設廠，桃園為總廠，曾多次獲外銷績優廠家第一名，被台灣政府選為模範工廠。

美商奇異公司（General Electric Company）

或譯通用電氣，成立於一八七九年，前身為愛迪生電燈公司。生產能源設備、航太設備、家電用品等，承包台灣核一、二廠的反應器、核三廠的發電機，以及興建中的核四廠中核

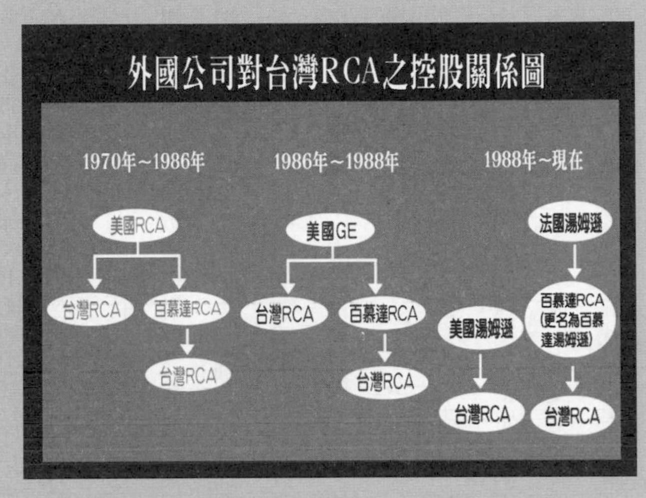

（資料來源／經濟部投資審議委員會。整理製圖／RCA關懷協會義務律師團）

島反應爐與相關設備八十億美元的工程。在美國，奇異公司曾有多項排放多氯聯苯等有毒化學物質污染土地與河流的記錄。RCA母公司已於一九八六年被奇異併購。

法國湯姆笙公司（THOMSON）

湯姆笙集團為法國企業，生產國防設施、醫療器材、半導體、通訊等尖端科技產品，台灣國防史上最大的軍購弊案拉法葉艦，就是法商湯姆笙集團的產品。一九八七年設立美國湯姆笙商用電子公司，一九八八年併購奇異旗下含RCA在內的數個系統。

——為什麼訴訟拖了這麼久？有什麼困難呢？

一、**扣押財產未果**：RCA公司於二〇〇〇年向經濟部提出減資計畫，可能自台灣撤資，經濟部雖聲稱未核准，受害工人仍相當不安。第一屆義務律師團成立後，便著手對RCA已知的在台資產二十四億進行假扣押，依法，勞工須提出三分之一金額做為擔保。經過關懷協會與工傷協會一再抗議引發社會注目，經律師團集思廣益，總算爭取到勞委會出具擔保書免假扣押費。二〇〇二年，律師團向板橋地方法院提出聲請，法院准予強制執行後卻發現，RCA在二〇〇〇年帳面上的利息所得只剩三十三萬七千九百九十三元，換算本金只有一千多萬，多數資產早以用「存放國外帳戶」的名義匯往海外，形同脫產！因此協會當時決定尋求國際上協助。

二、**程序問題耗時**：二〇〇四年四月，關懷協會委任律師提起民事訴訟，卻先收到法院要求繳交一千七百萬元訴訟費用的裁定，對罹病工人而言，這根本是天文數字。等到關懷協會好不容易申請到訴訟救助後，卻又遭法院以關懷協會未在十日內完成法人登記為由，認定當事人不適格，不經言詞辯論就駁回工人請求。協會一路上訴到最高法院，總算在二〇〇六年三月獲最高法院認定原判決未考量工人補件所需時間，將全案發回高院。此時，關懷協會已重新召開會員大會、全面改選理監事，並完成冗長的法人登記程序，高院便將判決發回地院重審。從台北地院、到高院、到最高，又回頭走了一趟，光是程序問題就耗去三年多，之後碰上法院輪換法官，本案又遭擱置。直到二〇〇九年，地方法院才重新開庭審理，總算進入實體審查，傳喚受害工人出庭作證。

小工人對抗跨國大財團的集體訴訟，光是為了跨越司法門檻，從爭取擔保、申請救助、法人登記補件等，就走了十幾年。

——過了這麼多年，RCA工人如何證明自己曾經受害？

舉證困難以及工作接觸毒物與罹患疾病間的因果關係，是RCA訴訟進入實體階段後的關鍵。

五十、六十歲的老員工們，要靠回憶重建二、三十年前的工作現場，本屬不易，在實質審理過程中，資方更聲稱，昔日公司的人事資料及使用有機溶劑等危害物質的資料已遭焚毀，又使調查研究處處受限。對受害工人而言，昔日在RCA飲用、接觸、吸入毒物，當然是事實，勞動者對於自己身體的變化，更是再清楚不過：女工們深知，同條生產線上的作業員流產、死胎、異常出血，這些經驗已超過當前的科學研究。此外，隨著工業發展，化學品數量迅速增長，聯合國曾在一九八一年發表聲明，估計至少需要八十年時間來進行適當的試驗，才可確定目前約六萬種化學品對健康的危害，科學專業根本趕不上工人受害的速度。

就一般職業病認定程序，個別工人要證明自身疾病非屬個人問題（如家族遺傳、飲食習慣、個人居住環境等），還得拿出工作資料（如使用化學物質），證明工作內容與疾病的關聯。否則，儘管企業與國家未盡防護監控責任，也無法以職災身分取得權益，在勞資關係不對等的現實下，對個別工人並不公平。要符合主流科學專業所謂的因果關係標準，難如登天，卻也無法否認，五百名關懷協會會員都身受RCA的毒害，而造成健康風險提高。這場訴訟的意義，正是在於受害者與社會大眾，共同對抗企業對勞工健康的危害。

——目前訴訟的進度如何？

目前仍在台北地方法院進行一審準備程序，由法院傳喚證人，收集證據。

自二〇〇九年，RCA案才脫離程序問題纏鬥，進入實體審查，並於十一月首度傳喚受害員工出庭作證。兩位證人黃春窕、秦祖慧在證人席上先後接受雙方律師與審判長的詢問，陳述工作內容、暴露於毒物的方式、受害情形等，共用了五次庭期完成。在此期間，法院要求進行原告全體受害者的問卷調查，以收集個別人受害與工作間的因果關係資料，解決受害員工及亡者家屬無法一一出庭作證的問題。

被告RCA律師團向法院提出厚達數百頁的問卷題目，受害員工無論就記憶與體力，都不可能完成。二〇一〇年六月，義務律師團及專家學者協助提出一份符合訴訟需要及員工現實的問卷，又用去半年多才將雙方版本比對，由法院確認最終問卷題目。

面對五百多名老員工及亡者家屬，RCA關懷協會、工傷協會、律師團與專家學者召集一百多名來自社運、法律、醫療等背景的志工，於二〇一一年起，密集以電話聯繫會員，甚至登門拜訪，找出一度失聯、或對訴訟失望的會員，說明問卷目的。七月份連續三個周末，上百位會員們分批從台灣各地來到立法院群賢樓內，以面談方式填答問卷，對於無法前來台北的會員，亦於桃園等地進行小規模的訪談，以搜集相關資料，提供給法院。

至今，陸續有不同部門的受害員工出庭，見證RCA當年的毒害事實，並有專家學者們提出相關研究資料佐證。RCA律師團則自美國請來專家證人反駁。雙方持續進行攻防。然而每年關懷協會都收到會員去世或發病的消息，訴訟進度仍追不上受害者的殞落。每次開庭，關懷協會會員與幹部們，仍拖著病體排班旁聽，期待訴訟加速進行。

——RCA桃園廠的土地與水，受到怎樣的污染？

RCA桃園廠內曾使用的有機溶劑，含有多達二十多種有機化學物質，銅、鋅、鎳等重金屬也隨著RCA公司任意傾倒，而污染當地土壤與水。

RCA桃園廠位於桃園市中山路與文中路之間，占地約七公頃餘。一九九四年污染事件遭到揭發，RCA桃園廠及竹北廠土地，連續二十多年違法傾倒有毒廢料。此後，環保署成立調查專案小組，同年工研院完成RCA桃園廠附近民井地下水分析報告，發現土壤與地下水中共含有二氯乙烷、二氯乙烯、四氯乙烯、三氯乙烷、三氯乙烯等十二種氯化物，其中四氯乙烯更高達 4800PPb，超過飲用水標準5PPb將近一千倍。而輿論壓力讓以低價購得土地的長億集團暫時無法開發，奇異和湯姆笙也在壓力下承諾整治，但使用多種方法仍宣告無效。

土污法通過後，環保署於二〇〇二年將廠址公告為地下水污染控制場址，才有法源要污染行為人RCA公司及奇異、湯姆笙公司負起整治責任，並且場址需於整治完成後才能再度開發，但二〇一二年證實污染已因地下水流擴散至廠區外，以及廠區外已經測量過的下游兩公里處。

——RCA桃園廠整治到現在，有任何成效嗎？

經環保局要求，奇異透過顧問公司，向環保署提出復育計畫，於一九九七年三月開始就土壤與地下水兩部分，同時整治。在土壤部分，以灌氣方法，將污染土地挖起、洗滌、曝曬、使有機物揮發，待土壤合乎標準後回填。經過一年八個月後，宣稱土壤污染已整治完畢。但地下水部分，因污染分布難以掌控，使用多種方法仍無法有效整治而宣告失敗。台灣RCA公司自二〇〇二年起，在環保署要求下，耗費六年進行研究調查，拖到二〇〇八年才開始執行新的整治計畫，直到目前（二〇一三年七月）尚未整治完成。

環保署始終不敢要求RCA公司，對於流出廠區外的地下水污染一併整治，原因是擔心此舉會提高RCA整治成本，而逃避整治責任，直到二〇一二年底經過關懷協會抗議下，環保署RCA地下水整治會議才做出決定，要求RCA公司針對場址外提整治計畫。至今，RCA整治的物質只限於三氯乙烯、四氯乙烯等氯化物，但針對其他有機化學物質，或重金屬污染疑慮，環保署並未公開相關資料，也未提高標準來要求RCA公司一併處理。

——RCA受害員工抗爭這麼久，有爭取到什麼成果嗎？

歷經十多年，雖然土壤、地下水已獲得整治，但受害工人未取得任何來自僱主的賠償，受害工人幾乎踏遍所有政府機關，上至總統府、行政院，下至勞委會、環保署、經濟部、外交部、監察院，依政府單位職責提出不同層次的抗爭訴求，政府多無正面回應。在司法以外的戰場上，RCA員工關懷協會除了為部分罹癌員工爭取健保補助自付額費用，以及零星的照顧慰問金，並逼使勞委會自二〇〇一年起辦理受雇員工體檢及健康風險調查外，更重要的，是為整體台灣社會爭下五項具體成果：

一、**放寬勞保職災給付認定年限**：原先勞保局針對職業災害勞工，訂有退保後兩年內必須申請給付之原則。但從RCA事件可見，職業病發病時間可能晚於離職退保日，更因此無法取得職場暴露資料申請給付。一九九八年，RCA受害員工與塵肺症老礦工、捷運潛水夫症工人與工人立法行動委員會、工傷協會、敬仁中心一同抗議勞委會，共同爭取到職業病鑑定後二年內得以追討職業災害給付，且從寬認定。

二、**土壤及地下水污染整治法**：台灣政府在經濟發展的歷史中，並未面對污染整治及整治標準等問題，在官方證實RCA廠址污染後，於二〇〇二年通過了土污法，並公告RCA廠區為第一批「控管廠址」，依法進行整治。

三、**乳房切除納入殘廢給付範圍**：依照原先勞保殘廢給付標準，女性乳房與四十五歲以上女性的子宮，被勞委會認定沒有「生產力」，因此不在給付範圍。二〇〇一年七月，受害工人與工傷協會至勞委會陳情，要求將乳房與子宮切除者，無附加條件列入殘廢給付範圍。四個月後，勞委會正式修訂「勞工保險殘廢給付表」。

四、**集體訴訟申請假扣押時，由政府出具保證書**：受害工人數次至勞委會抗議後，於二〇〇二年爭取到勞委會向法院出具保證書，得以進行假扣押，並免繳約八億元的保證金。

五、**推動修訂職業安全衛生法**：RCA案訴訟過程中發現工人的工作資料付之闕如，工傷協會及RCA關懷協會為不讓歷史重演，不斷推動職業安全衛生法修法，要求企業使用化學物質應全面公開，並將勞工工作史、使用物質資料及毒物接觸史詳細記錄，由官方及工會留存。二〇一三年六月，在政治現實下，爭取到勞工工作史及接觸史應納入員工健檢資料中。

——RCA運動何去何從？

RCA工傷運動走了十五年，至今，RCA案的運動方向，有幾個面向，在集體訴訟上，RCA關懷協會、工傷協會結合義務律師團、顧問團等將繼續合力在司法上突破難關，在因果關係認定上建構出屬於常民的、集體的進步觀點，期望在台灣的集體工殤訴訟上立下典範。

司法鬥爭外，我們也積極介入監督RCA污染廠區的整治情形，防止環保署與桃園縣政府放水讓財團繼續開發，同時要求在原地設立RCA工殤紀念碑、勞動及環保博物館。RCA桃園廠址於一九九三年賣給宏億建設公司（長億集團相關企業），原預計開發為購物商場。一九九八年內政部都市計畫委員認定「受污染工業區土地未完成改善前，不得變更為住宅區及商業區」原則，暫時擋下宏億的土地用途變更的決議，關懷協會、工傷協會與工委會隨即要求行政院，保留尚未拆除的廠房及生產線遺跡，收集所有罹病工人資料及老相片，將此廠址改建為台灣勞動與環保博物館，並設立工殤紀念碑，留下台灣經濟奇蹟背後的工殤印記，以為警惕。但多年來，此廠址每隔一段時間就風聞要開工，二〇〇一年之後，長億集團更將地上物全部剷除，美名為進行污染土壤的復育，卻向桃園縣政府申請工業土地變更為商業、住宅用途，若非關懷協會全力阻擋，受污染的桃園廠址早在商業利益下重新開發，任不知情的民眾再度受害。

RCA工傷運動現階段已不僅僅只在爭取受害工人的賠償權益，更已擴及工業污染對全民健康的侵害問題。二〇一〇年的工殤日，工傷協會、RCA員工關懷協會，更邀請反中科四期自救會、地球公民基金會、勝華電子等高科技企業工會、人民火大行動聯盟等團體，一起到行政院抗議，並指出「工業之毒、毒害全民」，要求「化學物質應全面通報」及「工人工作史、暴露史應予紀錄，並副知工會」。

——RCA事件與你我的關係是什麼？

在RCA工傷運動的經驗中，我們看到工業污染下的後果，除了侵害第一線工人及周邊居民外，這些污染物隨著空氣、風吹、雨下、地下水等，蔓延擴散，極可能對農作物、養殖業產生影響，因此做為消費者的每一個人，一個都跑不掉，換句話說，生活在台灣島上的每一個人，都是工業污染的潛在受害者。因此，接下來的運動方向，已經不止是RCA工傷運動，更要朝向全面性的生存環境運動，我們需要結合各領域的朋友，一起對抗不斷以開發、發展之名，累積資本，剝奪弱勢階級健康及生命的政商結構！

四．走過十五年

走過十五年——RCA組織與運動回顧

時間：二〇一三年三月二日下午二時至六時三十分
地點：劉荷雲住處的社區會議室
錄音謄稿、文字整理：洪芷寧、陳俊酉

證明工人的病和死，都是冤枉的

當時光指向起點，那些現在看來、在RCA員工關懷協會歷史光譜上頻繁出現的「抗爭與堅持」，其驅動力不只是我們深厚的情感積累、同為動力來源推促我們向前的，更有著一路上親身體驗與官僚的交手、對社會的重新理解、抗爭帶來的責任……在一路持續的行動與反思中，慢慢理出行走適合的路徑與意義。其中的歷程與改變，在幹部與組織者你一言我一語的熱烈討論裡浮現，彼此補充。

顧玉玲：大家現在走到這邊都十五年了，怎麼加入抗爭的行列？這十五年經驗到什麼？對你們的生命來說，有什麼特別的意義？

秦祖慧：我覺得RCA抗爭的經驗，讓我開始會去關懷社會，像是從環境污染中去看到弱勢族群或關懷社會的議題。以前就是上班下班、過生活，現在我知道社會工作是什麼、怎麼去關懷弱勢族群和有需要的人、幫助他們得到安慰或是回歸正常的生活。關懷也從點延伸到面，我退休之後，主要會在桃園地區的更生人之家從事志工。

顧玉玲：妳也不是一開始就覺得上街頭這麼理所當然，這是怎麼樣的轉變？

秦祖慧：最讓我印象深刻的是有一次我們去圓山大飯店前抗議，那天副總統呂秀蓮在飯店召開一個世界和平的國際會議，她以前又是桃園縣縣長，我們去拉布條，副總統關心世界和平，也應該要關心跨國公司殺害職災女工的事啊。那次，表面上他們找了一個助理把我們的意見都抄起來，下午還在總統府接受我們陳情，但最後根本沒反應，只是敷衍工人。台灣這個社會，有權有勢的人在做主，弱勢的人只能鼻子摸著，老百姓的聲音要能傳到最高階層，是不太可能的！真的碰到事情的時候，就要靠自己站出來、去爭取權益，否則，在下面敲鑼打鼓也根本不會有人理妳。因為這些經驗，讓我想參與社會運動，到後來我也不惜以身試法，去抗議司法的不公不義。每一個人應該有自己的使命感，反正活著遲早就是走到死亡，至少我要知道在後面的時間裡，我能做什麼。另一方面，我不死心的原因就是一定要去找出答案，像現在，我當初合理的懷疑都找到答案了，RCA抗爭真的讓我成長。

馮智榮：我是在二〇〇三年楊玉玫的喪禮上看到RCA的那些老同事們，一個個哭喪著臉，那時候我在工作，記得我還跟當時理事長梁克萍講說：「需不需要我幫助？」我有錢可以做事，想說可以的話也找其他人一起捐錢給這個協會，像我、劉金枝都可以。可是梁克萍沒有給我一個確切的答覆。直到過了兩、三年吧，她們跟我講RCA協會改組了，原先的理事長離開了，我想我也快退休了，會有時間，也就參與了。參與後我發現，看著我們這些可愛的同事們拚命的衝啊罵啊打啊，得到的結論咧？是你講一句十句，政府官員用太極拳打過去了，發覺到政府「多一事不如少一事，少一事最好沒事」的心態。政府官員不是沒有回答或解決，就是只告訴我們：這個法令不行、那個不行，還有開完會就跑掉不回應的官員……都加深了我對政府官員無能的印象，也讓我更想參與。我發覺，除了衝罵以外，我們必須要一起做有組織的抗爭。

吳志剛：我不是在抗爭一開始就介入的，剛開始電視上說抗爭的事，我說就是你們這些人吃飽沒事幹、抗爭什麼東西啊，RCA這麼好！我還跟我老婆講，看到的都是我認識的熟人，真的無聊！這真胡鬧啊你們！當時我上班上得好好的，但慢慢介入以後，我就知道了，沒想到後來自己一頭栽下去就爬不出來。所以一個事件，得要去瞭解它的來龍去脈。記得那時候我在家，連續三天接到電話找陳若梅，她說這是癌症檢查，上次體檢好像有一點問題喔，能不能再來醫院看看？好，我就帶太太去醫院，發現真的有子宮頸癌，馬上手術治療。後來我才瞭解這檢查是RCA抗爭爭取來的。二〇〇一年工傷協會幫忙召開RCA會員大會，我和太太一起去參加，再後來才慢慢進入。我認為，這條路既然走下去就一定要有個結果啦。

秦祖慧：RCA這件事也能反映台灣的選前選後政治。我們出來抗爭，行政院後來有個跨部會專案小組做窗口，有人願意聽我們聲音，結果二〇〇〇年政權一換就風雲變色沒有了。後來工傷協會和我們也找過當時是民進黨的施明德幫忙開記者會，他選立委的時候，我們還跑去幫他加油吶喊敲鑼打鼓啊、坐遊覽車特地繞到松山火車站旁的競選總部，結果他沒有當選，我們本來想去安慰他的，但卻鐵門深鎖。後來，想說糟糕這個路斷了，剛好一天有機會去立法院，很巧就碰到民進黨鞭柯建銘，我跟他講：「欸之前你們施明德喔答應要幫我們啊，那現在？」他竟然回：「歹勢吼，現在施明德不是咱民進黨的啊，你如果要，你就要甲我開口講。」這……現在變成是我去求你耶！那我就跟他回說，以前行政院有個RCA專案小組做為溝通管道，他竟然說：「你不知道現在誰當家喔，現在綠色執政耶！」這個就是政治利益。你說這樣子台灣老百姓該選哪一邊來做事？為民喉舌的很少喔，選前給承諾，當選上台了，他不管了。這讓我看到一個集體的社會事件怎麼樣被政治人物操弄。

劉荷雲：其實我剛加入的時候，根本不曉得什麼是加入啊，想說就來聽聽看看，所以第一次工傷協會的志工訪談問我：「你參與社運多久？」「什麼社會運動？我從沒參加過！」他愣了，我也愣了：「我真的從來沒參加過社會運動！」他說：「那你覺得社會運動是什麼？」我說：「社會運動我知道啊，就是電視上那個丟雞蛋啊、幹嘛幹嘛的，那就是啊！」後來他才跟我解釋，我們參與的這些行動也叫社會運動，我跟他說我們從來沒丟過雞蛋，因為雞蛋很貴也是要花錢買的，我們沒錢嘛。我沒有特別覺得自己在做社會運動耶，一直認為自己就是做事，叫我做什麼就做呀。會真正參與，我想是後來接觸很多吧。應該是協會前後二次重組後，我們再回來的時候，才真正意識到自己的位置。

秦祖萍：回想起來，不知不覺已經十多年了。二〇〇一年開始抗爭那二、三年間，密集動員到行政院、立法院、外交部、經濟部或集結遊覽車等，比較艱辛。那時我在上班，只要能配合都會出來。走到一半也曾經有挫折感，那時單純地想如果領導者有問題，或跨國打官司很麻煩，就算了吧，別把自己搞得一身髒污。沒想到停滯了幾年，後面又慢慢地重組了，官司也打起來了，我也歸隊了，這一路走來是為了一個理念啊。

而這十幾年的這些開會、這些人、幹部所做的，也就是兩個字：堅持。畢竟自己曾在這工廠待過，不管政府要不要承認，自己身體的變化與傷害自己是知道的，心裡清楚不能抹滅的。現在知道原因，而污染源依舊存在，整個國家的機制與政府沒有太大的改變，國內對於致癌物質、化學物質啊還是沒看重，看重的是經濟吧。走到這步，也還看不出政府在人民健康上有什麼作為，起碼得照顧這些人吧……認定是職災也好，後續到底怎麼做？我們就是單純站出來爭公道。我們那年代比較倒霉，但這塊土地很小，下一代也要繼續生活，希望讓現在這一代年輕人也多留意日常的周遭環境，那些污染來源是不是應該關注。有些人覺得：如果我們沒有這個錢與賠償，還會這麼熱絡參與嗎？這已經是題外話了啊。就活在當下吧，也沒想到走下去會有個結局是成還是敗。做對的事，覺得該怎麼樣就怎麼樣。

顧玉玲：祖萍提到一個經濟發展與工人健康的對立，那時好像比較倒霉，為了經濟發展犧牲工人健康。其實跨世代來看，情形並沒有改變，RCA事件在此時此刻仍舊不斷發生在各個工廠，台灣還是財團賺錢工人受害的社會。

辛鴻茂：RCA開始抗爭以來，每個活動我都參加，到財政部、經濟部、監察院抗議，拿著太太的遺像到美國在台協會和外交部。人生在世，我很看重感情，所以我覺得跟他們一起抗爭，是講義氣、有感情的事情。RCA這場抗爭我有這個責任。我不是為了金錢為了什麼，我是為了正義。我繼續參加是要證明我太太和這些員工的病和死，都是冤枉的。

黃碧綺：二〇〇五年我才加入關懷協會，這中間我得了身體病變，又有家變。之前有次我在新竹碰到前理事長梁克萍的老公，好不容易碰到了一個熟人，我就問他RCA的事怎麼樣了？他說早解散了啊！後來我就想打電話向美令（簡美令）求證，因為我跟美令本來就是好朋友，剛好我搬回桃園，美今就叫我去看看，看了好幾箱的資料，問我要不要加入。她講了一堆我聽不懂的，什麼訴訟、委託書啦，我也繳一千塊的訴訟費，後來又叫我去聽聽看理監事會議。第一次去，聽嘸啦，不愛去了。她又講，訴訟就是一次一次慢慢地講……因為我們之前很好，她很容易說服我：「走啦走啦，」我就又來了。來了幾次，她就說改選什麼理監事啊，說提名你喔，我說什麼意思啦？我說我又不懂。她說妳都來那麼多次了應該知道啦、事情我們都做好了。有時候，我在想，如果我們告贏了的話，我很想再告一個人——不是一個人，是一個單位，就是政府。我不是要告它國賠，我是要告它對我們都不聞不問，一點都不關心我們。那高科技的進來你說有什麼污染……我們可以諒解，我們不懂，政府可能也不懂，可是既然已經懂了，到現在這麼多年你們問過什麼？這個外資是政府引進，而且是用獎勵投資條例免稅的規定才進來。以前的經濟就是我們在拚他們在享受，然後出了事情，你就縮頭烏龜了。其實我覺得政府一直在壓榨我們這些不懂的老百姓，在國內它好像很強勢，可是在國外還不是一樣被人家壓著走，它是這樣被他們壓榨的，再來壓榨我們。

吵不散的人們

RCA關懷協會經過綿延的時光，到今天都還持續著漫長的訴訟。二〇〇三年後，在社會關注消退與內部張力的多重因素下，協會其實經歷過一段幾乎全員出走的歷程……今日憶起，夥伴們也熱烈討論當時的情況，思考協會到底怎麼撐過來的，歷經第二度重整後的階段又是如何。

隨著戰場的移轉、議題的退燒，個人領導所牽引出的細節糾結……只想好好做事、以組織利益為先的夥伴們面對矛盾時，帶著不願爭執或不忍批判的心情及默默不甘，接續的幹部們，接起龐大的資料，也找回部分老幹部們，重回戰場。

吳志剛：二〇〇六年前理事長說要解散協會時，我們都退出了，協會眼看著就要完了。我覺得我們RCA用了太多社會資源，我們不能說丟就丟就解散！後來我決定重組，孟芬（劉孟芬）幫忙行政文書處理，新的協會章程還先拿給沐子（顧玉玲）看過修正，我的住址不在桃園不能擔任理事長，阿窕（黃春窕）又不肯接，要另外找人，美令第一次來開會就接了理事長，第二階段進來的有雅瑩（羅雅瑩）、春英（楊春英）。我深刻地感覺，RCA每次危機時刻都會有貴人出現！再怎麼想都不可能支持下去的時刻就有貴人。我想我為什麼會一直在這個崗位，是欠這些貴人人情啊。

李秀梅：以前我抗議的時候，一下子找四、五部遊覽車出來才辛苦哩！

顧玉玲：說到RCA清晰的動員系統，真的很厲害，別的抗爭可能是同工廠、同地域，可是你們是已經關廠十年後了、大家都分散各地了。但你們對不同的人際脈絡掌握得很清楚，像如果前一天誰又發病了，第二天就會跟我說今天會少五個或來幾個。秀梅一直負責很多人力的調度，這是如何動員的？

李秀梅：我們一個一個去找出來。以前RCA是媽媽多嘛，媽媽多就八卦多，你兒子和我女兒結婚為親家，一串下來很多人。那時我差不多掌握十到二十人，也沒什麼名單，就打電話聯絡，只是我跟你聯絡、你跟他聯絡、一個拉一個這樣。

劉荷雲：我們也沒有特定名單，大概知道誰跟誰很好就拉出來，安排體檢也是用這招，拜託你約他，就當郊遊敘舊嘛這樣聯絡。

二〇〇三年決定不在國內打官司後，很多本來關心我們的團體都走了，也幾乎什麼資源都沒了，律師團解散了，工傷協會還願意陪伴抗爭，但不再介入司法訴訟，而關懷協會幾乎停擺。其實我那時對前理事長雖然有很多意見，覺得她很獨裁，但還是希望她繼續做理事長，因我知道她能力是最強的，所有的資料也在她手上。到最後，她因為怕我做的帳太精細對她不利，在大會發黑函說要告我，工傷協會等團體早就被她排除在外沒來開會了，我不知為何而戰決定退出。講到當初離開，因為RCA壯大，而開始有一連串的誤解，還有傳言說有人想換掉理事長，只是我們沒有一個尺度或規章來規範她，前理事長其實是被大家縱容出來的。不過那時啊，很多問題大家都不願意講，大家善良、低調。我當初負責做帳，但前會長在大家都不知情的情況下自行申請關懷協會的劃撥帳戶，我很婉轉在理事會提出來，沐子認為帳目要清楚公開，建議由三位幹部聯名申請銀行帳戶，互有監督，後來也另開戶頭，只是劃撥帳號我還是管不到。我曾鼓起勇氣在會議上提出大小章都在前理事長手上，沐子在場協調大小章應分開保管，但會議結束後還是沒人敢吭氣，我又能怎麼辦？我選擇不說是因為我已看到結果，我怕說出來你們（社運團體）會通通都離開我們。但後來，前理事長的一意孤行，你們後來還是淡出了，這是我最擔心的。理事長必須受大家監督才行，否則一個人怎麼搞，這是我們都有責任的啊。

顧玉玲：權力會帶來很多周邊的利益，一開始大家對前理事長有所懷疑時，訊息沒有帶回來會議，就錯失了公開討論與面對的機會，集體無法約束個人，形成組織的箝制。工傷協會只有每周開理監事會才到桃園，和大家日常生活的相處不夠緊密，沒意識到會議上公開處理的事，在會後還有關係中屈從的集體壓力，這是組織工作的失職。但你們想過要把關懷協會扛成自己的責任嗎？

劉荷雲：當時沒有這樣想耶，因為我覺得我們周遭的人沒人有足夠的能力。

顧玉玲：在什麼樣的情況下，你們才真覺得要把權力拿回來？重整後有集體領導嗎？當時和現在的組織型態有不同嗎？

劉荷雲：我們沒想過要拿權力，只覺得大家做事要照規範來，不能一個人說了算。我覺得前理事長離開以後，大家比較平等，現在不會有人對我們大呼小叫，以前我們像是理事長的小棋子，到現在每一個人都參與決策。

顧玉玲：打破權力集中，就要每個人都把權力拿在手上，要負責任。你現在還是覺得有能力很強的、全能的領導者是最重要的事嗎？

劉荷雲：沒有人是全能的，像阿剛（吳志剛）雖然沒那麼厲害，但就很善良啊。三個臭皮匠勝過一個諸葛亮。不要去嫌人家怎樣怎樣，因為如果我們也在同樣處境，我能做得更好嗎？可能沒辦法。所以我退出，一方面是我看出前理事長這樣搞會出問題，我沒有說出來，但那時我們退出的話，起碼阿剛他們會看出問題，也許會提早有改變。

顧玉玲：其實，二〇〇一年關懷協會第一次改選後的幹部會議，嚴格說不算不民主，大家都很有能耐表達自己的意見，動力也很強，所有的決定與行動都是集體決策，包括要去哪裡抗爭、跟哪個立委接觸，你們大家都知道，所以不能說資訊被掌握在個人手上。現在聽到很多抱怨前理事長獨裁的說法，如果那時這些事情被提出來，它就會變成大家的問題，大家必須共同決定如何處置。權力集中是大家的壓抑造成的，會壓抑也是因為不相信自己有能力取而代之，是很複雜的結構因素。民主不是天生的，我們都需要練習。這十五年一路走走停停，有人去了又回來，也有人就一直堅持到現在，至少撐住組織，維持一個社會實踐的場域，還有機會重整並繼續作戰。

劉荷雲：當時我與前理事長私下很多報銷帳目上的爭執，我在會議上不敢明講，只提出大小章問題，但她卻以有人要進行權力鬥爭而煽動其他不知情的人挺她，我也聽過有人私下抱怨，但大家都為了顧全自以為的利益而裝傻。我不知為誰而戰？為何而戰？只有退出一途。事實證明我的判斷是正確的，最後真的是所有挺自救會的人都離開了！包括學者、司改會、甚至工傷協會。到最後所有的「自己人」都挺不下去了，關懷協會幾乎要潰散。幸好有阿剛等人接起來重組。

一次在縣議會場外，鍾佳燕曾私下對我說：「辛苦妳了，我知道妳受了許多委屈！」讓我感動到飆淚。但是會議現場呢？沒人敢說話！重組後有一次開大會時，鍾佳燕和李易蓉曾當面跟我道歉說：「我們被她騙了，不知道她是這樣的人……」我只笑笑對她們說：「妳們沒有被騙，妳們只是自己騙自己！」

羅雅瑩：可是你們（老幹部）退出好壞。最辛苦最無助的時候丟給我們，資料得全部重新整理，那階段好辛苦，但一定得有人做，不然後面就別談了。接手的是阿剛、美令、阿窕、春英跟我，記得開始前一、兩天，連一小杯茶都沒時間喝完，等張律師的事務所下班時才敢下班。阿窕的身體狀況就從那時（耗太多體力了）整個 down 下來，好辛苦，出錢出力到她沒有體力到現場。我的話，是一九九五年發病治療，後來看到RCA事件的報導，就自己撥電話到報紙上寫的一個台北的號碼，打電話過去，接線的人給我前理事長的電話，我就這樣跟關懷協會聯絡上了。那時我是療養階段，沒什麼體力，但都有參加活動，小朋友大概八、九歲，想說公司有這麼大的問題，不應該沒說清楚，既然知道資訊、有組織幫忙，那我就配合。這問題這麼嚴重，有污染、對身體有傷害，可以擴散到讓大家印象深刻。這是有意義的啦，起碼可以讓現在的年輕人知道，不像我們那時資訊封閉。讓大家知道什麼是對身體造成傷害，這是重要的。

劉荷雲：爛攤子不是我們丟的。我們退出時，所有帳務及名冊我都影印存檔全部移交，還請阿剛攝影為證。後來前理事長撒手不管，你們接下來重整關懷協會時，前理事長應該要把資料全交出來，怎麼可以讓阿窕、雅瑩和春英等人做這種折騰人的白工？講真的，我深深知道，我們如果不退出，你們仍然看不到真相，因為你們看到的只是檯面上的，所以你們不會相信，只有我們退出了，勢必那個責任就要落在你們身上，你們才會懂，只有近距離才能夠見到問題。

羅雅瑩：我補充一下，協會重組後，我跟阿窕他們共同工作，真的是培養了革命情感啊。那時其他人都沒空幫忙。好在我也沒上班，春英時間完全可以搭配，我和春英負責整理文件，阿窕責任感很重，對事情比較熟悉，負責到法院或縣政府跑文件送資料，後來美令做決策下來，我們就使命完成。相處時間久了，大家很契合，都是為了一個共同目標在拚，革命感情就是在那個時候建立的。參加這個關懷協會，收穫最多的是交到好多真心好朋友，春英和阿窕是我背後的靠山、精神的支柱，好穩，還有工傷協會，都是在我心底很重要的地位。

吳志剛：我一開始就跟工傷協會接觸很多，我進入工傷跟井老師（井迎瑞）學拍紀錄片以後，我在關懷協會變成完全走到中間位置，在前理事長和你們後來出走的人之間，我不參與任何一邊啊，所以說在這過程中為大局，我就忍嘛，但是原則上我還是照我的方式走。在關懷協會裡，因為受工傷協會各方面的感動，我跳進去當志工，也當了一屆理事，這是我在裡面的角色，而且又住得近，能各方面跟他們接觸。我今天為什麼在這裡待那麼久，就是一個使命感、一個責任嘛！

在運動中被運動

運動中，組織工作者與關懷協會幹部是怎麼一路走來，看待彼此呢？

從剛開始的社會資源大量湧進，到中期開始面對海內或海外訴訟的選擇，從抗爭高潮到走向長期的司法訴訟程序。剛開始的大爆發與社會關注是顯著的，而「組織」正是延續這股動能的主要思考。今日想來，當年一些內部張力等沒能公開討論，部分人選擇沉默離去，也是一個組織必經的歷程，來來去去間，重新整理經驗及承擔責任，深刻地拉緊如家人的彼此。「RCA組織史是我覺得很想整理的部分。」工作者們不約而同地說，並以此前進。

顧玉玲：十幾年來，工傷協會做為RCA抗爭歷程中最主要的協同團體，所有的工作人員都被捲動進長期組織工作，有高密度抗爭、拉出跨領域社運結盟對抗跨國資本的高度，也有受抵制而低度參與、維持個別幹部在組織中的改造與參與，還要在漫長反覆的司法訴訟中發展組織、深化學習。工傷協會的工作者有什麼感受或觀察，想回應給RCA協會的幹部群？這場戰役，參與其中的組織工作者經驗了什麼？

楊國楨：我最早接觸RCA是一九九八年，那時事情才剛爆發，還記得我們一直在跟大家討論，要協助你們形成一個組織，而不只是新聞熱頭大家都跳出來。那時祕書處也去桃園和你們開會好幾次。但關懷協會成立後，似乎也沒訊息了，只有偶爾零星抗爭的需要才有接觸。直到二〇〇〇年底，工傷協會才真正介入組織，發動連續二年多的系列抗爭，那時候我比較有參與了，跟你們一同工作、一同抗爭，認識大家比較深、服務比較多。RCA也來參與秋鬥遊行，律師團也是工傷協會主動對外召集，也招募志工團。後來，美國行之後，似乎就聽到前理事長有一些對工傷協會的流言，我們雖跟你們有密集接觸，但後來好像也很難參與，只能和部分人維持如阿剛的關係，直到關懷協會要解散時，我才跟你們說，你們一定要有人跳出來撐。後來阿剛說可以接，我們也跟他討論要怎樣再聚集，由於你們願意自己負起組織責任，工傷協會才有條件慢慢進來一起工作。

賀光卍：我一直想回應一個問題，就是到底怎麼看「為什麼有一群阿姨可以持續不斷抗爭十五年？」我想，一開始大家會集結是因為：我們被傷害，所以要拿回我們的正義！就像工傷者，是因為我的身體健康已經有傷害，或這問題可能會影響我的家人。那時候很可以召喚那一千多個人，從這十幾年的同事、又是很好的姊妹、有的還有姻親關係、更是一起在線上工作的朋友，像打仗、也像姊妹淘，一起來拿回我們的權益。

那兩年密集跟社會的對話卻也讓我們受傷，原來以為這就是我的權益，但各種國家公權力出來，告訴我們得病和三氯乙烯四氯乙烯無關，動能就開始往下掉了。而工傷協會就是在這時告訴大家，職業病認定不該由專家壟斷。我想，當時那麼多社會上的打壓，我們為什麼還留著？第一個答案是阿窕告訴我的，她說她雖然已經罹病，但不是她的基因造成的，線上那群姊妹們已經一個一個走了，她對她們有責任，她們死得這麼不明白，一定要幫她們平反。另外一個是荷雲給我的感覺，我覺得她基本上是一種俠客義氣相挺，有一群曾經的同事罹患疾病、得癌症，過得這麼不好，她覺得想要幫忙。最後是祖慧給我的感覺，很清楚的：我就是被你害，就是要抓著你，用盡我的生命去把你給搞下來。這三個感覺是我認為大家為什麼可以走到現在。當然，工傷協會的相挺協同，跟這十五年各種機緣與條件，社會提供給我們運動上的資糧，讓我們還沒有散。在你們的身上我看到永不妥協，就是堅持這股我們永不妥協的力量，讓我和岳德來到這邊好像是來到一個家，來被你們照顧。

另外，透過這個運動，或像這次的口述歷史，我也在學怎麼理解四年級三年級的你們這代在社會上做的事。也想讓不瞭解那年代的人們看到那些工作者的生命故事。我也看到每個人不同的價值觀，我想在你們身上再多看看，到底有怎樣的東西，也可以讓我們走十五年，這個東西對社會或是我們運動來講，都是很重要的資源，我想要把它提取出來。

劉念雲：我完全沒有參與到RCA前段的抗爭。對我而言，大學的時候看過《奇蹟背後》紀錄片，RCA就是社會學課堂上會講的題目，很重要的議題。所以當我進工傷協會，才知道原來RCA還沒結束，記得那時候小卍跟小陵就帶著我這新人第一次來，心情就是：「哇！看到偶像耶！這就是傳說中的RCA協會！」然後又看到紀錄片裡的阿窕、阿剛。對一個大學生來講，我會因為RCA看到很多很多事情，會召喚我想進入工傷協會，或社會運動。當然參與之後，才看到其實你們在整件事是辛苦的，那不是紀錄片裡面呈現的……大家很了不起，那些伶牙俐齒、那些抗爭的努力，真的是用集體的力量掙來的。

我覺得，你們真實是像小卍講的有某種受害者的堅持或者力量，讓你們吵不散，我覺得吵不散是讓這個組織可以繼續往下戰鬥的一個很厲害的特質。剛才那個畫面讓我回想，其實我對關懷協會的第一個印象是有一種戰鬥力，你們開會可能比我們這種念大學的開會更有活力。可是以此對比RCA討公道的進度，跟我大學時在紀錄片裡看到的進度……沒有前進，完全沒有前進，還在講訴訟、還在講三氯乙烯四氯乙烯，那個心情是很複雜的。

利梅菊：我想回應一下祖慧，今天聽你說在這個過程當中懂得要關心社會，就覺得其實工傷協會做的也是這個。工傷協會就是陪伴大家組織起來，讓社會持續關注。我自己也是在抗爭過程中學習，台灣社會本來就是要自己發聲。今天聽你講，很感動，我覺得訴訟即使失敗了，也不枉走這遭。

黃小陵：我覺得前面講的滿有意思的，我是在後段才加入，之前我在基隆碼頭的工會團體工作，當你們在烽火連天的時候我們也滿常來聲援。二〇〇三年我接任工傷協會祕書長的工作，沐子說，你們是能力很強、很有力量的一群，我覺得你們跟一般的工人不太一樣，包含各位比較綿密的關係，一個找一個，也聽到好多是在廠內的關係連帶。但在那個階段不知道怎麼繼續走，那時前理事長決定要到國外打官司，很多訊息就斷了，一直到阿剛再回來找協會談重整RCA員工關懷協會。後期我跟阿剛討論，很強的感覺是當年RCA好幾場抗爭都帶動大家的動能，當時歷史是很輝煌的、打仗時很強的動能、很綿密的關係與動能被喚出來，但進入後期時，前面都打完了，打完的意思不是打贏了，而是進入訴訟，用抗爭的模式也沒有用了，反而是要思考「組織可以怎麼再走下去」，這反而不容易。

雖然有很多人幫忙、包括學者專家，可是我認為組織還是最重要的。也就是如果沒有各位撐在這裡，這些專家的仗也很難打，他們也是要靠你們作為證據、口述歷史、找材料等。像今天辛伯伯（辛鴻茂）坐在這裡跟我們開會，坐一整天耶。我也在想、像這種沒有烽火連天的戰役底下，是什麼東西讓大家都撐在這裡？剛開始我也跟雅瑩、美令、阿寃整理過資料，好幾桌好幾箱，會員資料一直在變化，我都好佩服她們是怎麼樣辨認這個人是會員、那個沒繳錢、這個人根本委託書都沒交，她們還可以做出名單給律師，這個都是很不容易的過程，特別是大家都罹病的狀況下。

十五年來，老幹部、新幹部不同階段的接力，是怎麼走到現在。包括現在出庭還有十幾二十個人，關懷協會每次寄信出去，不用打電話，到現場就是好幾百人，那是什麼力量？我覺得已經不是賠償金的問題了，生命畢竟是換不回了。

林岳德：我第一次參與RCA運動的時候感覺跟念雲很像，開會桌上都是食物，好像要把大家餵飽的感覺，很像媽媽。後來陸陸續續，像現在整理口述史，發現歷史很長且複雜，大家都在歷史之中。現在，不管官司結果是勝還是敗，我們組織曾經走過這麼豐富的歷史，以及經歷過的、受害的、組織的經驗、看到的各種社會問題，是怎麼能延續的，然後不要讓它再發生。鳳珠曾說過讓我很感動的一句話，她說：「希望RCA的事是最後一件，未來不要再發生。」可是她也知道類似的事情，其實是一直在發生的。法院那部分結束之後，力量還可以再持續，包括認識其他團體，如何再把這些資訊及經驗轉出去，看力量可以做到哪邊，也是我想要跟大家一起做的事。

五．編輯手記

編輯手記

文／顧玉玲（人民火大行動聯盟成員、工傷協會顧問）

這本書是RCA運動的一部分。從長達十五年的抗爭長河，我們七手八腳溯源追問，那些在集體行動中碰撞重返的生產、勞動、身體與青春的記憶，歷經沙石俱下的暴烈混沌，也蜿蜒流過涓滴往事的沉浮，拉開一整代的台灣工人史。

多重交錯的組織實作

RCA口述歷史，是一場纏鬥多年的集體創作，也是多重交錯的組織工作。

第一層組織，是RCA員工。他們不只是受訪者，也是積極參與書寫的主體；他們協助青年志工跨越時空落差，以生活細節的描述重塑彼時的社會情境；他們策畫並決定要連絡誰、說服誰一起接受訪談，不願輕易遺漏抗爭中別具意義的個人；他們主動提供老相片，詳述已拆除的廠址配置，畫出記憶中的生產線流程；他們不厭其煩地對話、說明、釋疑、勘誤，共同完成歷史的紀錄。這是倖存者的口述記憶，其中有三個故事和罹癌過世的女工有關：已逝的娟姊，是RCA抗爭中令人難忘的身影，我們剪輯她生前留下的影像與錄音，輔以家人的追憶訪談，留下她的參與紀錄；秋妹過世後才爆發工人抗爭，她的女兒美英踩進陌生的大會會場、委任訴訟、述說母親的一生，以具體行動悼念亡者；辛伯很特別，他為了亡故的妻子秀月討公道而奮戰不懈，從單獨提訟到集體抗爭，無役不與，是協會重要幹部，也反身成為RCA工人記錄的主體。

第二層組織，是工傷協會的工作人員。他們貼身接觸RCA成員，並承擔集體作戰的策略及組織壓力，在口述歷史的採集中，他們協同志工分組進場訪談，並帶動後續的討論與書寫定調。他們是這一場集體行動中穿針引線、不可或缺的主力。其中，岳德負責各組間的連繫行政，如工蟻般辛苦盯緊掉落的進度；小卍與小陵擔起RCA戰役的主要政治定性，並深化運動意義；念雲則主動站上後期的補漏救急，協調盤整未盡事宜；資深工作者國楨和梅菊，從早期工傷幹部的聲援角色轉至協同組織的工作位置，有具體的歷史縱深與RCA工人對話。這些共同作戰所積累的信任與承擔，是最珍貴的運動資產。

第三層組織，是口述歷史的青年志工。他們來自不同學校或職場，原本預計在二〇一一年的暑期完成訪談初稿，但因為同時負擔法律記錄的雙重工作，加上工作者、督導及受訪者的時間難以搭配，訪談書寫一再延宕，終至部分人因工忙或考試等原因而無以為繼。這麼龐大複雜的口述歷史採集隊伍，分組工作的步驟不一，志工投入的客觀條件各自不同，難免一再橫生脫落、停滯。但拖拖拉拉了二年，有人留下逐字稿的細心謄錄、有人做了完整錄音採訪、有人在來來回回的討論中釐清書寫主軸、有人參與了回訪電訪的查證與探究……每篇文章都經過多重人力刪修才得以定稿，我們把所有苦力付出都列在每篇故事的標題頁，但願留下接力般書寫勞動的印記。

第四層組織，是督導志工的老師群。世新大學社發所老師黃德北、陳政亮，主動提出RCA口述歷史的發想，工傷協會祕書長黃小陵邀請我協同二位老師督導志工，以補足RCA的抗爭歷史。在工傷協會的調度下，三位督導各自帶著不同的書寫想像及行動意義進場：阿北看重歷史積累的運動作用，期待收集細密的生產素材及勞動過程，建立工人史的網路資料庫；政亮敏感於採訪過程中，如何更貼近主角的生命轉折，對書寫方式也多有新意；我做為RCA抗爭中參與最久的組織者，特別關注成員間關係糾結的變化與轉換，並協同團體討論時辨識對話的經驗落差。

最後，是勞力密集的編輯群。二〇一二年初，我離開工作多年的移工團體，離職但不離業，失業卻不失職，還是以參與運動為生活重心，但相對有較多的力氣扛起RCA口述歷史繁瑣的編務。配合工傷運動的進程，我重新調動停滯已久的口述歷史小組，密集和寫手討論及改稿，和岳德在雙重戰線的擠壓下搶時間共事：一端是馬不停蹄的司法訴訟，局勢多變；另一端是出書的記憶工程，且戰且走。此外，工傷協會前理事長張榮隆也投入本書的攝影勞作，翻拍大量的老相片及舊剪報，分次陪同訪談側拍，全程參與出庭、開會等，並設計每一位主角的個人影像拍攝。同時，前破報編輯蔡雨辰受邀加入，共同構思出書架構與進度，並統籌潤稿、定標等文字工作。編務在多重組織交錯中耗盡心力，緩步前進，感謝行人出版社陪同討論，並一再容忍集體工作必有的延宕與不夠精準。

互為主體的集體創作

RCA罹病工人的集體現身，始於一九九八年。在土地與水的污染事件爆發數年後，環境品質文教基金會陪同工人召開記者會，強調環境污染對人體的危害。當時，我以工傷協會祕書長身分擔任中時工會的勞安顧問，印刷廠工人也陸續出現有機溶劑慢性致癌卻難以認定的問題，流行病學因果論證的封閉傲慢，令受害工人舉證困難，寸步難行。ＲＣＡ工人集體罹患職業性癌症的新聞在此時出現，引起我們高度關注，工傷協會、工委會與中時工會共同行動聲援，主動介入，將ＲＣＡ污染事件，由廠外的公害問題，連結到廠內的職災危機。

二年後，工傷協會協助工人成立「ＲＣＡ員工關懷協會」。有了正式的組織，關懷協會陸續向政府爭取到員工健康檢查、專案放寬健保給付、流行病學調查研究，以及跨部會協調的專案小組。新聞熱潮上，ＲＣＡ工人們很有耐心，也相信遲早會向公權力討回一個公道。一直到社會大眾漸漸遺忘他們了，聽聞ＲＣＡ公司向經濟部申請撤資，且政黨輪替後，新任行政院院長張俊雄竟率爾解散專案小組……工人才被迫走上抗爭之路。

二〇〇一年春天，我們正式召開ＲＣＡ員工關懷協會的會員大會，集體議決展開系列的密集抗爭，串連工委會、綠盟、台權會、司改會、苦勞網、台北律師公會等跨領域的社運團體，引發社會關注。隨後，我們公開召募並培訓逾百名青年志工，收集四百五十二份ＲＣＡ工人及家屬的初步問卷調查，籌組第一屆ＲＣＡ律師團準備求償訴訟。口述歷史的工作，當時由工傷協會專員蔡幸玲帶領志工討論，也陸續完成部分錄音紀錄，但隨著對外抗爭的戰況吃緊，所有人力悉數投入，書寫訪談就遭擱置一旁了。

十幾年來，每隔一段時間，總會有人提起：「ＲＣＡ的口述歷史該整理了。」

那些豐富的工作與生活史料，零星出現在工人現身說法的大學校園講座，迸發在街頭抗爭的麥克風中傳來緊張顫抖的聲音，還有開會時你一言我一語的追憶與懊惱……親身經歷的工人證詞，具開放的公共性，不同於法庭上的封閉對答，有更強的社會感染力。這些年來，司法訴訟從國內轉向國外又轉回國內提告，RCA關懷協會歷經了成員衝突、崩解、重整的內部張力，終於自主扛起組織責任，申請法扶基金會成立第二屆律師團，也促成學界醫界法界與社運支持者組成顧問團，涵容更大的社會支持力量。峰迴路轉，口述歷史終於得以起錨開動。

二〇一一年夏天，以RCA司法訴訟訪談為主軸，工傷協會、法扶基金會、世新社發所共同舉辦第二屆志工培訓營，其中一組鎖定口述歷史，留下六十餘名志工。

青年志工從有限的知識經驗中，跨越時代與勞動的界線，進入RCA工人的生命敘事，提出經常是反應個人局限的問題。例如，在訪談阿剛高中畢業時報考各大企業的應徵過程，就讀研究所的志工很疑惑：阿剛為何沒投考公職？這個問題恰好反應出相距三、四十年的青年處境。七〇年代，正值台灣經濟起飛，犧牲農業扶植工業的政策下，青年從破產的農村出走，都市裡處處是機會。彼時民間企業蓬勃，人人渴求翻身，穩定但低薪的公職相對來說不見得是更好的出路。相較之下，現今青年面臨嚴重的不穩定就業，低薪化、派遣化、非典型化的工作，使報考公職成為許多人的首選。差異恰好引發參照，訪者與受訪者的生命經驗得以發生關連。

可以說，這是一個訪者與受訪者互為主體的記錄歷程。

是個人生命，也是公共歷史

既然設定是集體創作，就不免動用各種不同形式的團體討論，與分組實作。訪談前後，我們進行了三次大型的口述歷史工作坊，授課補充背景資料及採集方法，邀請RCA工人與志工直接對話，也針對已產出的文章相互回應與討論。過程中，美令提起過往生產線隨著工人熟練度而加速流量的半成品，因各種因素而「塞車」、「翻車」，同事間要快速反應、交工的實況。生產線上自創的生動譬喻，彷彿連結起縱橫時空三十年距離的參照座標，引發志工們的好奇探究。許多在個別訴說時不易出現的場景，在工作坊中自然流洩而出，例如違規帶早餐進廠偷吃的普遍經驗、應付超時加班的具體抵抗、住宿期間的休閒娛樂及生活細節，更進一步衍生到工人如何在高壓的生產線偷時間、交換團購訊息等，這些舊有的姐妹情誼延續到關廠多年後的抗爭，也發揮了人拉人的凝聚作用，成為關懷協會初期組織的重要線索。

這些共同回顧勞動現場及抗爭過程，促成了「走過十五年」的設計。「走過十五年」由工人與工作者交錯對話，話題從個人受害經驗到公共訴求，抗爭歷程如何影響並改變參與者，更有人細細剖析組織起落及個人進出的轉折，在組織崩落時如何一個拉一個又重新扛起責任。往事歷歷，許多人提及關懷協會前理事長梁克萍，她的積極投入與對集體的正反作用，是抗爭的關鍵性人物，但協會重組後，卻與前理事長失去連繫。焦點團體結束後，我特地約了長期拍攝RCA工人故事的紀錄片工作者劉孟芬，一起登門拜會梁克萍，細述整個訴訟進度及口述史的訪談計畫，獲得她對集體行動的肯定，同時也尊重她不願受訪的心情。之後，特別感謝陳俊西及洪芷寧細心謄錄了長達四、五個小時的錄音檔，並摘要留下團體對話紀錄。（見〈走過十五年——RCA組織與運動回顧〉）

發聲就要究責。工人口述史是集體的對抗行動，不願將歷史交由統治者片面壟斷。

RCA基層員工多是二次戰後出生的一代，就業時正趕上台灣經濟轉型，政府以各式獎勵投資的優惠政策，迎接跨國企業全球化布局的第一波浪潮。工人們來自眷村、農村、客家聚落、建教合作，背負全家人的生計，在RCA工廠度過青春歲月，賣命打拚。許多女性經歷不明所以的提早停經、流產、死胎、嬰兒早么等痛苦，直到中年失業後才驚覺罹患各式癌症，若不是一個個受害者挺身控訴，這些真相就被掩藏在經濟奇蹟的光環下，永不見天日。

這場小工人對抗跨國大財團的抗爭，先後捲入許多青年志工，他們面臨的是一個更加慘酷的社會處境：失業率節節高升，貧富差距急速擴大，為資本家量身訂作的減稅措施造成國債高舉、財政赤字危機。經濟成長的果實並未全民共享，付出的環污、勞損、職災等龐大成本，卻留給社會集體承擔。承接ＲＣＡ工人的抗爭，青年勞動者若不在這個基層人民與財團鬥爭的戰場接續而上，很可能淪為同樣發展模式的下一波受害者。

囿於篇幅，我們只能一再刪減歷史相片與文字說明，ＲＣＡ戰役中複雜的司法攻防、因果關係的科學論證、操勞激昂的街頭抗爭、及挫敗重整的組織經歷，都只能暫且退居成時代背景。我們選擇聚焦在個別工人的歷程，撿拾具體的生活與工作細節描述，有脈絡地進入那一代工人的生命起落與轉折。此外，我們從成疊的卷宗檔案裡，搶救存錄阿寃的親筆信、與鄭王愛珠的陳述書，她們的控訴句句震動人心；她們以身體承擔了台灣經濟發展最沈重的代價，拒絕被遺忘在歷史的空白處。

若不是ＲＣＡ工人堅持抗爭至今，這些豐富的勞動史料無以留存。十二個生命故事，集結個別經驗，淬鍊公共意義，直視資本主義掠奪競利的生產關係中，被犧牲的工人性命、與自然環境，留下殺戮現場的第一手證辭，以阻擋災難繼續擴散。這本書，屬於所有對抗主流歷史的行動者。

拒絕被遺忘的聲音：RCA工殤口述史

作者：社團法人中華民國工作傷害受害人協會
　　　社團法人桃園縣原台灣美國無線公司員工關懷協會
主編：顧玉玲
編輯群：蔡雨辰、林岳德、賀光卍、黃小陵、劉念雲、楊國楨、利梅菊
人物攝影：張榮隆

行人文化實驗室
總編輯：周易正
責任編輯：陳怡慈、陳敬淳
美術設計：黃子欽
行銷業務：李玉華、蔡晴
印刷：崎威彩藝

ISBN：978-986-89652-4-9
定價：420元
2013年9月初版一刷
2020年11月初版五刷

出版者：行人文化實驗室
發行人：廖美立
地址：10049台北市北平東路20號10樓
電話：（02）2395-8665
傳真：（02）2395-8579
郵政劃撥：50137426
http://flaneur.tw
總經銷：大和書報圖書股份有限公司
電話：（02）8990-2588

指導單位：台北市文化局 Department of Cultural Affairs Taipei City Government

國家圖書館出版品預行編目(CIP)資料

拒絕被遺忘的聲音：RCA工殤口述史 / 社團法人中華民國工作傷害受害人協會、社團法人桃園縣原台灣美國無線公司員工關懷協會著. -- 初版. -- 臺北市：行人文化實驗室, 2013.09
352面；14.8×21公分
ISBN 978-986-89652-4-9(平裝)

1.環境汙染 2.勞工傷害
445.9　　　　102013872